福建省中等职业学校学生学业水平考试复习指导用书

机械基础

主　编：何国辉　周兴舜　陈美婷

U0216923

厦门大学出版社　国家一级出版社
XIAMEN UNIVERSITY PRESS　全国百佳图书出版单位

图书在版编目(CIP)数据

机械基础/何国辉,周兴舜,陈美婷主编.—厦门:厦门大学出版社,2021.7(2023.4重印)

(福建省中等职业学校学生学业水平考试复习指导用书)

ISBN 978-7-5615-8207-7

Ⅰ.①机… Ⅱ.①何… ②周… ③陈… Ⅲ.①机械学—中等专业学校—教学参考资料 Ⅳ.①TH11

中国版本图书馆 CIP 数据核字(2021)第 089769 号

出 版 人	郑文礼
责任编辑	姚五民

出版发行 厦门大学出版社

社 址	厦门市软件园二期望海路 39 号
邮政编码	361008
总 机	0592-2181111 0592-2181406(传真)
营销中心	0592-2184458 0592-2181365
网 址	http://www.xmupress.com
邮 箱	xmup@xmupress.com
印 刷	厦门市金凯龙印刷有限公司

开本	787 mm×1 092 mm 1/16
印张	14
字数	312 千字
版次	2021 年 7 月第 1 版
印次	2023 年 4 月第 2 次印刷
定价	46.00 元

本书如有印装质量问题请直接寄承印厂调换

厦门大学出版社
微信二维码

厦门大学出版社
微博二维码

编 委 会

主　编

何国辉　周兴舜　陈美婷

副主编

庄河静　林崇文　杨　欢

参　编

陈雪晶　陈秀蓉　程锦锋

李文娟　林　宇　苏晓晖

王春花　王明忠　游丽萍

谢友奇

编写说明

党的二十大报告指出,"教育、科技、人才是全面建设社会主义现代化国家的基础性、战略性支撑。"培养什么人、怎样培养人、为谁培养人是教育的根本问题。育人的根本在于立德,我们教师应该全面贯彻党的教育方针、落实立德树人根本任务,培养德智体美劳全面发展的社会主义建设者和接班人。

机械基础既是制造类专业的一门专业主干课程,同时也是福建省中等职业学校学生学业水平考试制造类专业唯一指定统考的专业科目。本科目考核总分值为 250 分,在整个学考科目中占很大的比例,具有十分重要的地位。福建省中等职业学校学生学业水平考试《机械基础》课程考试大纲于 2019 年公布实施,并于 2021 年 2 月进行了修订。修订后的考试大纲作为 2020 年秋季学期及以后入学的中职学生学业水平考试命题和考试复习的依据。

在认真研究考试大纲(修订版)具体要求的基础上,我们立即组织省内具有多年一线教学经验的专家和骨干教师组成编写团队,着手编写本书,以更好地帮助广大学生学习机械基础理论知识,提升学业水平。

本书以"每课一练"形式对知识点进行细化和梳理,包括绪论、杆件的静力分析、直杆的基本变形、工程材料、连接、机构、机械传动、支承零部件等章节。每章包括大纲要求、学习要点、同步练习三部分。大纲要求部分对标最新考纲,明确考查重点;学习要点部分总结了本章的基本概念、特性应用、典型案例等基本知识要求,方便学生归纳、理解和记忆;同步练习部分对应考试大纲(修订版)的难度要求和题型类别,编写了一定量的选择题、判断题、连线题及计算题,起到帮助记忆和巩固提升的作用。本书还附有五套综合模拟试卷,可供学生在临考冲刺时复习使用。

全书从质量监控、命题方向的需要出发,紧扣考点,突出重点,贴近教学实际,符合考试复习规律,适合作为福建省中等职业学校学生学业水平考试机械基础科目的复习指导用书。

由于编者水平有限,书中恐有不当之处,敬请广大读者批评指正。

编　者

2023 年 4 月

目 录

福建省中等职业学校学生学业水平考试

《机械基础》课程考试大纲

（2021 年 2 月修订版）

本考试大纲以教育部《中等职业学校专业教学标准》为指导,结合我省中职学校《机械基础》课程教学的实际情况而制定。

Ⅰ.能力层次与考核目标

一、能力层次

依据中等职业学校教材的教学目标要求,专业基础知识能力层次划分为了解、理解、掌握三个要求层次,其中高层次要求包含低层次要求。

二、考核目标

1.了解层次:能再认或回忆知识;具有初步识别、辨认事实或正确描述对象的基本特征等。

2.理解层次:能够把握知识内在逻辑联系;与已有知识建立联系;进行解释、推断、区分等。

3.掌握层次:能够在新的情景中使用抽象的概念、原理;进行总结论述;与已有技能建立联系等。

Ⅱ.考试范围与考核要求

一、绪论

1.了解机械的组成。

二、杆件的静力分析

1.理解力的概念与基本性质,能通过受力图判断二力杆件;

2.了解力矩、力偶的概念;

3.了解约束、约束力和力系。

三、直杆的基本变形

1.理解直杆轴向拉伸与压缩、剪切、扭转和弯曲的概念;

2.掌握由实例或简单受力图进行基本变形分析的能力;

3.了解强度、刚度、硬度和疲劳强度的概念,了解屈服极限和强度极限的概念。

四、工程材料

1.了解铸铁的牌号和分类;

2.理解常用碳钢的牌号和分类;

3.了解常用合金牌号:20Cr、20CrMnTi、40Cr、40MnB、GCr15、GCr15SiMn、9SiCr 和 CrWMn 等的含义;

4.了解钢的热处理的目的、分类。

五、连接

1.了解键连接的类型和应用;

2.理解平键连接的结构与标准;

3.了解销连接的类型、特点和应用;

4.了解花键连接的类型；

5.理解常用螺纹的类型、特点和应用；

6.掌握螺纹连接的主要类型、应用、结构和防松方法。

六、机构

1.理解平面运动副及其分类；

2.掌握铰链四杆机构的基本类型、特点和应用；

3.理解曲柄滑块机构的特点和应用；

4.了解平面四杆机构的急回运动特性和死点位置；

5.了解凸轮机构的组成、特点、分类和应用。

七、机械传动

1.了解带传动的工作原理、特点、类型和应用；

2.理解带传动的平均传动比；

3.了解影响带传动工作能力的因素，带传动的失效形式、安装与维护；

4.了解链传动的工作原理、类型、特点和应用；

5.了解齿轮传动的特点、分类和应用；

6.掌握齿轮传动的平均传动比的计算；

7.理解渐开线齿轮各部分的名称、主要参数；

8.掌握标准直齿圆柱齿轮分度圆、齿顶圆、齿根圆、中心距、齿顶高、齿根高和全齿高等基本尺寸的计算；

9.理解渐开线直齿圆柱齿轮传动的啮合条件；

10.了解齿轮根切现象、最小齿数、齿轮的结构和齿轮的失效形式；

11.了解蜗杆传动的特点、类型和应用；

12.理解蜗杆传动的传动比的计算及转向的判定；

13.了解轮系的分类和应用；

14.掌握定轴轮系传动比的计算。

八、支承零部件

1.理解轴的分类、材料、结构和应用；

2.掌握圆锥滚子轴承、推力球轴承、深沟球轴承和角接触球轴承的类型、特点及应用；

3.了解滚动轴承的内径代号。

Ⅲ.考试形式及试卷结构

一、考试形式

1.考试采用闭卷、笔试形式,考试不使用计算器;

2.卷Ⅰ满分为 150 分,考试时间 90 分钟;

3.卷Ⅱ满分为 100 分,考试时间 60 分钟。

二、内容比例

内容结构及分值占比

序号	内容	分值比例(约占)
一	绪论及静力学部分	卷Ⅰ:15% 卷Ⅱ:10%
二	直杆的基本变形	卷Ⅱ:5%
三	工程材料	5%
四	连接	20%
五	机构	20%
六	机械传动	30%
七	支承零部件	10%

三、考试题型

考试题型包括单项选择题、判断题、连线题和计算题等。

各型分值占比如下:

序号	题型	分值比例（约占）
一	单项选择题	卷Ⅰ：45％ 卷Ⅱ：45％
二	判断题	卷Ⅰ：30％ 卷Ⅱ：15％
三	连线题	卷Ⅰ：15％ 卷Ⅱ：15％
四	计算题	卷Ⅰ：10％ 卷Ⅱ：25％

绪　论

大纲要求

序号	考核要点	分值比例 （约占）
1	了解机械的组成	卷Ⅰ:15％ 卷Ⅱ:10％ （含第1章）

学习要点

一、机械的有关概念

机械是机器和机构的总称。其有关概念如表 0-1 所示。

表 0-1　机械有关的名词概念

序号	名称	概念	实例
1	零件	机械制造中的基本单元(最小单元)	(1)通用零件:在各种机器中普遍使用的零件,如螺栓、轴、齿轮、弹簧等; (2)专用零件:只在某些机器中使用的零件,如冲压机中的曲轴、电风扇中的叶片等
2	构件	机械中具有独立运动的基本单元(最小单元)	带轮传动中,V 带轮是由轴、键和带轮三个零件所组成的一个构件
3	机构	(1)由构件组合而成; (2)各构件之间具有确定的相对运动	平面连杆机构、凸轮机构、减速器、普通自行车、脚踏缝纫机等

续表

序号	名称	概念	实例
4	机器	(1)是人为的实体组合； (2)各部分之间具有确定的相对运动； (3)能够转换或传递能量，代替或减轻人类的劳动	电动自行车、汽车、机床、机器人等

　＊零件与构件的关系：构件由一个或多个零件组成，这些零件之间没有相对运动。

　＊机器与机构的区别：机器能完成有用的机械功或转换机械能，代替或减轻人类的劳动，而机构不能。

　＊机器与机构的关系：机器包含机构，可以由一个机构或多个机构组成。

二、机器的组成

　　1.动力部分(原动机部分)：是机器的动力源，其作用是把其他形式的能量转变成机械能，以驱动机器各部分运动。常用的有电动机和内燃发动机等。

　　2.执行部分：是机器直接完成具体工作任务的部分。例如汽车的车轮、冲床的冲头等。

　　3.传动部分：是动力部分到执行部分之间的传动机构，用以完成运动和动力的传递和转换。如汽车的变速箱、自行车的链传动等。

　　4.控制部分：显示和反映机器的运行位置和状态，控制其他三个部分按一定的顺序和规律实现运动，完成给定的工作循环。控制装置可以是机械装置、电子装置、电气装置等。

　　简单的机器一般由动力部分、执行部分、传动部分组成，有的甚至只有动力部分和执行部分，如水泵、排气扇等。各部分之间的关系如图 0-1 所示。

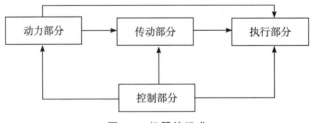

图 0-1　机器的组成

三、机械的类型

表 0-2　机械的类型

序号	类型	主要用途	实例
1	动力机械	用来实现机械能与其他形式能量之间的转换	电动机、内燃机、液压泵、压缩机等
2	加工机械	用来改变物料的状态、性质、结构和形状	各类机床、粉碎机、织布机、轧钢机、包装机等
3	运输机械	用来改变人或物料的空间位置	汽车、飞机、轮船、电梯、起重机等
4	信息机械	用来获取或处理各种信息	复印机、打印机、绘图机、传真机、数码相机等

　　【例 0-1】　如图 0-2 所示为钻床的传动结构。其工作过程为:启动电源后,电动机驱动带传动,再通过主轴箱,将运动和动力传递给主轴箱内的主轴,主轴箱中的主轴与钻头直接相连,从而将运动和动力传递给钻头,最后完成对工件的钻削加工。

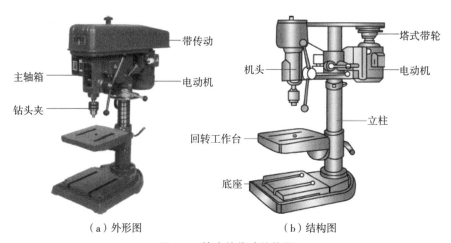

（a）外形图　　　　　　　　　　（b）结构图

图 0-2　钻床的传动结构图

　　因此,钻床属于加工机械。其动力部分为电动机,将电能转化为机械能;执行部分为钻头,作转动及上下往复直线运动,与回转工作台配合完成钻孔工作;传动部分由 V 带传动机构、主轴箱等组成;控制部分为电源开关、进给手柄等,实现钻床的启停和工作。

同步练习

一、单选题

1.在机械中属于制造单元的是（   ）。

    A.零件　　　　　　B.构件　　　　　　C.部件　　　　　　D.组件

2.在机械中各运动单元称为（   ）。

    A.零件　　　　　　B.构件　　　　　　C.部件　　　　　　D.组件

3.我们把各部分之间具有确定的相对运动构件的组合体称为（   ）。

    A.机构　　　　　　B.机器　　　　　　C.机械　　　　　　D.组件

4.机构与机器的主要区别是（   ）。

    A.各运动单元间具有确定的相对运动

    B.机器能变换运动形式

    C.机器能完成有用的机械功或转换为机械能

    D.机器是多个人为实体组合

5.下列机械中属于机构的是（   ）。

    A.发电机　　　　　B.千斤顶　　　　　C.拖拉机　　　　　D.电动自行车

6.机床的主轴是机器的（   ）。

    A.动力部分　　　　B.传动部分　　　　C.执行部分　　　　D.操纵部分

7.属于机床传动装置的是（   ）。

    A.电动机　　　　　B.齿轮机构　　　　C.刀架　　　　　　D.主轴

8.（   ）是构成机械的最小单元,也是制造机械时的最小单元。

    A.机器　　　　　　B.零件　　　　　　C.构件　　　　　　D.机构

9.下列属于动力机械的是（   ）。

    A.机床　　　　　　B.飞机　　　　　　C.打印机　　　　　D.内燃机

10.下列属于传动装置的是（   ）。

    A.电动机　　　　　B.刀架　　　　　　C.按钮　　　　　　D.蜗杆

11.人类为适应生活和生产上的需要,创造出各种（   ）来代替和减轻人类脑力和体力劳动。

    A.机构　　　　　　B.机器　　　　　　C.构件　　　　　　D.机械

12.下列实物——(1)螺钉、(2)起重机吊钩、(3)螺母、(4)键、(5)缝纫机脚踏板,其中（   ）属于通用零件。

    A.(1)和(2)　　　　　　　　　　　　B.(2)和(3)

    C.(4)和(5)　　　　　　　　　　　　D.(1)、(3)和(4)

13.下列7种机器零件——(1)起重机抓斗、(2)电风扇叶片、(3)车床主轴箱中齿轮、(4)洗衣机中的波轮、(5)内燃机的曲轴、(6)自行车上的链条、(7)压力机上的V带带轮,其中属于专用零件的有（   ）。

A. 3 种［(1)、(2)、(3)］

B. 4 种［(1)、(2)、(4)、(5)］

C. 5 种［(1)、(2)、(3)、(4)、(5)］

D. 6 种［(1)、(2)、(3)、(4)、(5)、(6)］

14.在下列实物中——(1)车床、(2)游标卡尺、(3)洗衣机、(4)齿轮减速箱、(5)台钳,其中(　　)属于机器。

A.(1)和(4)　　　　　　　　B.(1)和(3)

C.(2)和(3)　　　　　　　　D.(2)、(4)和(5)

15.机器应满足的基本要求中最主要的是(　　)。

A.经济性好　　　　　　　　B.操纵方便,工作安全可靠

C.实现预定功能　　　　　　D.造型美观,减少污染

二、判断题

1.零件是运动的单元,构件是制造的单元。　　　　　　　　　　　　　　(　　)

2.构件是一个具有确定运动的整体,它可以是一单元一整体,也可以是由几个相互之间没有相对运动的单件组合而成的刚性体。　　　　　　　　　　　　　(　　)

3.构件是机械装配中主要的装配单元体。　　　　　　　　　　　　　　(　　)

4.机器运动的动力来源部分称为原动部分。　　　　　　　　　　　　　(　　)

5.机器中以一定的运动形式完成有用功的部分是机器的运转部分。　　　(　　)

6.如不考虑做功或实际能量转换,只从结构和运动的观点来看,机构和机器之间没有什么区别。　　　　　　　　　　　　　　　　　　　　　　　　　　(　　)

7.车床是机器。　　　　　　　　　　　　　　　　　　　　　　　　　(　　)

8.减速器是机器。　　　　　　　　　　　　　　　　　　　　　　　　(　　)

9.螺栓、轴、轴承都是通用零件。　　　　　　　　　　　　　　　　　　(　　)

10.洗衣机中带传动所用的 V 带是专用零件。　　　　　　　　　　　　　(　　)

三、连线题

1.请将普通车床各组成部件与其对应的功能用线条进行一一对应连接。

部件名称	功能
电动机	执行部分
齿轮箱	传动部分
车刀	动力部分
启动开关	控制部分

2.请将以下各机械与其所属种类用线条进行一一对应连接。

机械名称	种类
空压机	加工机械
破碎机	运输机械
电动扶梯	信息机械
数码摄像机	动力机械

第 1 章　杆件的静力分析

大纲要求

序号	考核要点	分值比例(约占)
1	理解力的概念与基本性质,能通过受力图判断二力杆件	卷Ⅰ:15%
2	了解力矩、力偶的概念	卷Ⅱ:10%
3	了解约束、约束力和力系	(含绪论)

1.1　力的概念与基本性质

学习要点

一、力的定义

力是物体间的相互作用,这种作用使物体的运动状态发生改变或使物体产生变形。

二、力的三要素

力的三要素为大小、方向和作用点。

三、力的表示和单位

1.表示

力是一个具有大小和方向的矢量,常用一条带箭头的线段表示。线段长度 AB 按一定比例代表力的大小,线段的方位和箭头表示力的方向,其起点或终点表示力的作用点。如图 1-1 所示。

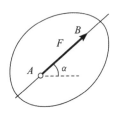

图 1-1　力的表示

2.单位

牛(N)或千牛(kN),1 kN＝1000 N。

四、力的基本性质

性质 1　作用力与反作用力定律

两个物体间的作用力和反作用力总是同时存在,同时消失。两个力的大小相等,方向相反、作用线相同,且分别作用在两个相互作用的物体上。如图 1-2 所示。

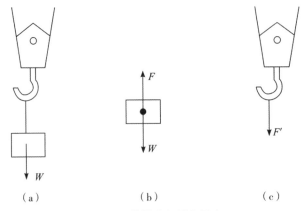

（a）　　　　　　　　　（b）　　　　　　　　　（c）

图 1-2　作用力与反作用力

性质 2　二力平衡公理

作用于同一刚体上的两个力,使刚体处于平衡状态的充分必要条件是:这两个力的大小相等,方向相反,且作用在同一条直线上。如图1-3所示。

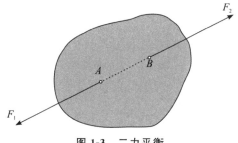

图1-3　二力平衡

性质3　力的平行四边形法则

作用于物体上同一点的两个力,可以合成为一个合力,合力作用点也在该点上。合力的大小和方向由以这两个力为邻边所作的平行四边形的对角线确定。如图1-4所示。

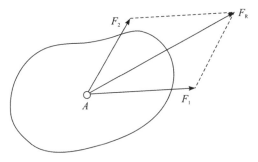

图1-4　力的合成法则

推论1(三力平衡汇交定理):若刚体在三个互不平行的力作用下处于平衡状态,则此三力必共面且汇交于一点。如图1-5所示。

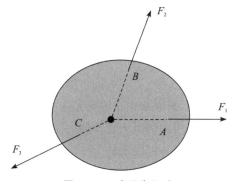

图1-5　三力平衡汇交

性质4　加减平衡力系公理

在一个刚体上加上或减去一个平衡力系,不会改变原力系对刚体的作用效应。

推论2(力的可传性):作用在刚体上某点的力,可沿其作用线移到刚体上任意一点,不会改变对刚体的作用效应。如图1-6所示。

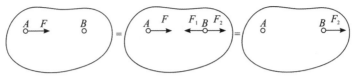

图 1-6　力的可传性

同步练习

一、单选题

1.物体的受力效果取决于力的（　　）。

　　A.大小、方向　　　　　　　　　　B.大小、作用点

　　C.大小、方向、作用点　　　　　　D.方向、作用点

2.两个物体间的作用力与反作用力总是同时存在,同时消失,且大小相等,方向相反,其作用线沿同一直线,分别作用在这两个物体上,这说明力的（　　）性质。

　　A.作用力和反作用力定律　　　　　B.二力平衡公理

　　C.加减平衡力系公理　　　　　　　D.力的平行四边形法则

3. $F_1 = 4 \text{ N}, F_2 = 10 \text{ N}$,两个力共同作用在同一物体上,它们的合力不可能是（　　）。

　　A. 6 N　　　　　　B. 15 N　　　　　　C. 14 N　　　　　　D. 10 N

4.作用在刚体上的三个平衡的力,若其中两个力的作用线相交于一点,则第三个力的作用线（　　）。

　　A.必定交于一点

　　B.不一定交于一点

　　C.必定交于同一点,但不一定共面

　　D.必定交于一点且三个力的作用线共面

5.作用在同一物体上的两个力,若其大小相等、方向相反,则它们（　　）。

　　A.只能是一对平衡力　　　　　　　B.只能是一个力偶

　　C.可能是一对平衡力　　　　　　　D.可能是一对作用力与反作用力

6.关于作用力和反作用力,下面说法中正确的是（　　）。

　　A.一个作用力和它的反作用力的合力等于零

　　B.作用力和反作用力可以是不同性质的力

　　C.作用力和反作用力同时产生,同时消失

　　D.只有两个物体处于相对静止时,它们之间的作用力和反作用力的大小才相等

7.作用力与反作用力（　　）。

　　A.两力性质相同　　　　　　　　　B.不能平衡

　　C.两力没有关系　　　　　　　　　D.以上说法都不对

8.力和物体的关系是（　　）。

　　A.力不能脱离物体而独立存在

B.一般情况下力不能脱离物体而独立存在

C.力可以脱离物体而独立存在

D.一般情况下,力能脱离物体而独立存在

9.工程力学中受力不发生变形的物体称为(　　　)。

　　A.杠杆　　　　　　　B.刚体　　　　　　　C.钢板　　　　　　　D.机构

10.对于变形体,受等值、反向、共线的两压力作用(　　　)。

　　A.能保持平衡　　　　B.不能保持平衡　　　C.无法确定

11.对作用力与反作用力的正确理解是(　　　)。

　　A.作用力与反作用力同时存在

　　B.作用力与反作用力是一对平衡力

　　C.作用力与反作用力作用在同一物体上

12.为了度量力的大小,必须选择一个标准单位,国际规定力的法定单位是(　　　)。

　　A. N　　　　　　　　B. m　　　　　　　　C. Pa

13.力的三要素包括(　　　)。

　　A.力的长度、大小、作用点　　　　　　B.力的大小、方向、长度

　　C.力的大小、方向、作用点　　　　　　D.力的方向、作用点、长度

14.(　　　)是指力的作用位置。

　　A.力的大小　　　　　B.力的作用点　　　　C.力的方向

15.作用于刚体上的三个力均不等于零,其中两个力沿同一作用线,则刚体(　　　)。

　　A.处于平衡状态

　　B.处于不平衡状态

　　C.可能平衡,也可能不平衡

二、判断题

1.力对物体的作用效应,取决于力的大小、方向和横截面积。　　　　　　　　(　　　)

2.作用力与反作用力是平衡力。　　　　　　　　　　　　　　　　　　　　(　　　)

3.合力大小比分力大小要大。　　　　　　　　　　　　　　　　　　　　　(　　　)

4.凡在二力作用下的约束称为二力构件。　　　　　　　　　　　　　　　　(　　　)

5.在两个力作用下,使刚体处于平衡的必要与充分条件是这两个力等值、反向、共线。

　　　　　　　　　　　　　　　　　　　　　　　　　　　　　　　　　　(　　　)

6.二力平衡公理适用于任何物体。　　　　　　　　　　　　　　　　　　　(　　　)

7.有作用力就必有反作用力,且两者同时存在,同时消失。　　　　　　　　(　　　)

8.一个力分解成两个共点力的结果是唯一的。　　　　　　　　　　　　　　(　　　)

9.二力平衡公理、力的可传性原理和力的平移原理都只适用于刚体。　　　　(　　　)

10.二力平衡的条件是:二力等值、反向,作用在同一个物体上。　　　　　　(　　　)

三、连线题

1.请将下列静力学公理的类型与其对应的推论与应用用线条进行一一对应连接。

静力学公理类型	推论与应用
二力平衡公理	三力平衡汇交定理
加减平衡力系公理	二力杆
力的平行四边形法则	力的可传性

1.2　力矩、力偶的概念

学习要点

一、力的效应

外效应:改变物体运动状态的效应。
内效应:引起物体变形的效应。

二、力矩

1.定义

力矩为力的大小 F 与点 O 到力的作用线的垂直距离 d 的乘积,冠以适当的正负号。记作:$M_O(F) = \pm Fd$。式中,点 O 称为矩心,d 称为力臂。如图 1-7 所示。

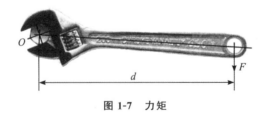

图 1-7　力矩

2.方向

使物体逆时针方向转动的力矩为正,反之为负。

3.单位

牛·米（N·m）或千牛·米（kN·m）。

力矩为零的两种情况：(1)力等于零；(2)力的作用线通过矩心，即力臂等于零。

4.举例

【例1-1】如图，已知 $F=2$ kN，$l=4$ m，求 F 对 A 点之力矩。

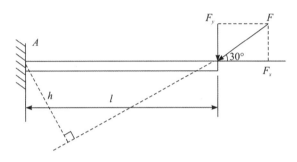

解：F 对 A 点之力矩

$$M_A(F)=-Fh=-Fl\sin30°=-2\times4\times0.5\ \text{kN}\cdot\text{m}=-4\ \text{kN}\cdot\text{m}$$

三、力偶

1.力偶的定义

大小相等、方向相反，但不作用在同一作用线上的一对平行力，称为力偶，用符号(F,F')表示。

力偶不是二力平衡，力偶只有转动效应，没有移动效应。

2.力偶臂

力偶中两力之间的垂直距离称为力偶臂。

3.力偶的应用

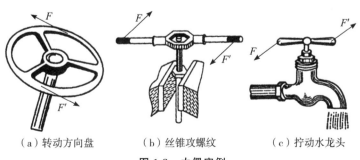

（a）转动方向盘　　（b）丝锥攻螺纹　　（c）拧动水龙头

图1-8　力偶实例

4.力偶矩

将力偶中一个力的大小和力偶臂的乘积冠以正负号,作为力偶对物体转动效应的度量,称为力偶矩。

力偶矩用 M 或 $M(F,F')$ 表示,即 $M(F)=\pm Fd$。

方向:使物体逆时针转动的力偶矩为正,反之为负。

单位:牛·米(N·m)或千牛·米(kN·m)。

5.力偶的特性

(1)力偶无合力,也不能和一个力平衡,力偶只能用力偶来平衡。

(2)力偶对刚体的作用效果与力偶在其作用面内的位置无关。

(3)只要保持力偶矩的大小和转向不变,可以同时改变力偶中力的大小和力偶臂的长短,而不改变其对刚体的作用效果。

四、力的平移定理

定理:可以把作用在物体上某点的力 F 平行移到物体上任一点,但必须同时附加一个力偶,其力偶矩等于原来的力对新作用点之力偶矩。

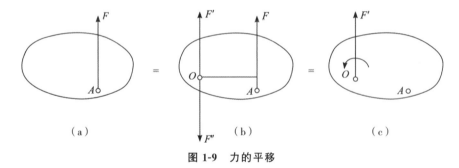

图 1-9 力的平移

附加力偶矩 $M=M_O(F)=Fd$。

同步练习

一、单选题

1.力使物体绕矩心逆时针方向转动时,力矩为(   )。

　　A.零　　　　　　　　B.负　　　　　　　　C.正　　　　　　　　D.不确定

2.力偶矩的单位是(   )。

　　A.牛·米　　　　　　B.毫米　　　　　　　C.厘米　　　　　　　D.牛

3.属于力矩作用的是(   )。

A.用丝锥攻螺纹　　　　　　　　B.双手握转向盘

C.用螺钉旋具拧螺钉　　　　　　D.用扳手拧螺母

4.力偶对物体产生的运动效应为(　　　)。

A.只能使物体转动

B.既能使物体转动,又能使物体移动

C.只能使物体移动

D.它对物体产生的运动效应有时相同,有时不同

5.作用在同一刚体上的两个力,若其大小相等、方向相反,则它们(　　　)。

A.只能是一对平衡力

B.只能是一个力偶

C.可能是一对平衡力或一个力偶

D.可能是一对作用力和反作用力

6.能使物体的运动状态发生变化的是(　　　)。

A.力的大小　　　　　　　　　　B.力的内作用效应

C.力的外作用效应　　　　　　　D.力的作用点

7.如图所示,用板手紧固螺母,若 $F=400$ N, $\alpha=30°$,则力矩 $M_O(F)$ 为(　　　)。

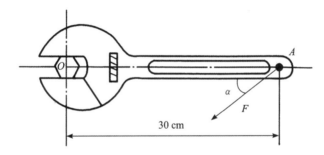

A. 120 N·m　　　B. −120 N·m　　　C. 60 N·30 cm　　　D. −60 N·m

8.力偶中的两个力对作用面内任一点的矩等于(　　　)。

A.零　　　　　　　B.力偶矩　　　　　　C.力矩　　　　　　D.不定值

9.下图所示的各组力偶中的等效力偶组是(　　　)。

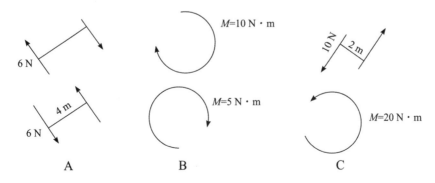

A　　　　　　　　　　　B　　　　　　　　　　　C

10.力偶矩的方向规定为(　　)。

  A.逆时针转向为正,顺时针转向为负　　B.顺时针转向为正,逆时针转向为负

  C.以上都不正确　　　　　　　　　　D.无法确定

11.一力对某点的力矩不为零的条件是(　　)。

  A.作用力不等于零　　　　　　　　　B.力的作用线不通过矩心

  C.作用力和力臂均不为零　　　　　　D.无法确定

12.将作用于物体上 A 点的力平移到物体上另一个点 A',而不是改变其作用效果,对于附加的力偶矩说法正确的是(　　)。

  A.大小和正负号与 A' 点无关

  B.大小和正负号与 A' 点有关

  C.大小与 A' 点有关,正负号与 A' 点无关

  D.大小与 A' 点无关,正负号与 A' 点有关

13.力偶等效只要满足(　　)。

  A.力偶矩大小相等

  B.力偶矩转向相同

  C.力偶作用面相同

  D.力偶矩大小、转向、作用面均相同

14.如图所示,在刚体上 A、B、C 三点分别作用三个大小相等的力 F_1、F_2、F_3,则(　　)。

  A.刚体不平衡,其简化的最终结果是一个力

  B.刚体不平衡,其简化的最终结果是一个力偶

  C.刚体不平衡,其简化的最终结果是一个力和一个力偶

  D.刚体平衡

二、判断题

1.力使物体绕矩心作逆时针方向转动时力矩为负,反之为正。　　　　　　　　(　　)

2.力偶无合力,所以它是一个平衡力系。　　　　　　　　　　　　　　　　(　　)

3.力偶就是力偶矩的简称。　　　　　　　　　　　　　　　　　　　　　　(　　)

4.力偶矩的大小和转向决定了力偶对物体的作用效果,而与矩心的位置无关,它对平面内任一点的力矩恒等于力偶矩。　　　　　　　　　　　　　　　　　　　(　　)

5.当力的作用线通过矩心时,物体不产生转动效果。　　　　　　　　　　　(　　)

6.当矩心的位置改变时,一个力的力矩、大小和正负都可能发生变化。　　　(　　)

7.力偶只能用力偶来平衡,不能用力来平衡。　　　　　　　　　　　　　　(　　)

8.力偶的位置可以在其作用面内任意移动,而不会改变它对物体的作用效果。

                                                          (　　)

9.力偶与力矩都是用来度量物体转动效应的物理量。　　　　　　　　　　　(　　)

三、计算题

1.已知 $F = 16$ N，$L = 1.5$ m，计算下图中 F 对 O 点的力矩。

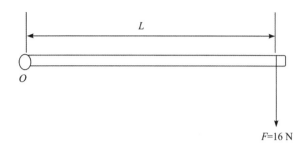

2.已知如图，$F_1 = F_1' = 80$ N，$d_1 = 70$ cm，求力偶矩 M 的大小。

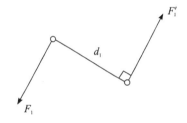

1.3　约束和约束力

学习要点

一、约束的定义

约束是指对某一物体的运动起限制作用的周围其他物体。例如，钢轨是火车的约束。

二、约束力的定义

约束力:约束能阻挡物体某些方向的运动,因此必然会施加力在物体上,这些力称为约束力或约束反力,简称反力。

约束力的方向:总是与其所限制的物体的运动方向或趋势相反。

三、约束的类型

1.柔性约束

定义:由柔性构件对物体构成的约束称为柔性约束。例如,绳、链条等对物体的约束。

特点:约束力通过柔性构件的中心。

约束力方向:总是背离物体方向的拉力。

绳索、链条、胶带等构成的约束,只能承受拉力,不能承受压力。

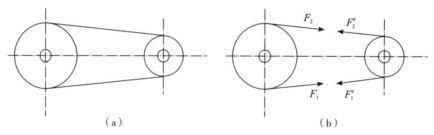

（a）　　　　　　　　　　（b）

图 1-10　柔性约束

2.光滑面约束

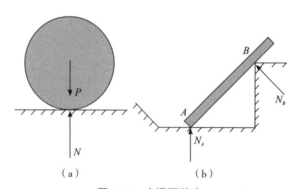

（a）　　　　　　（b）

图 1-11　光滑面约束

定义:由光滑接触面构成的约束,且是理想光滑的约束(忽略摩擦),称为光滑面约束。

特点:不论接触面是平面或曲面,只能限制物体沿着接触面的公法线指向约束物体方向的运动。

约束力方向:通过接触点,沿着接触面公法线方向,指向被约束的物体,通常用 F_N 表示。

3.铰链约束

定义:两物体分别钻有直径相同的圆柱形孔,用一圆柱形销钉连接起来,在不计摩擦时,即构成光滑圆柱形铰链约束,简称铰链约束。

特点:这类约束只能确定铰链的约束力为一通过销钉中心、而大小和方向还没有预先确定。

(1)中间铰链约束

两构件用圆柱形销钉连接且均不固定,即构成连接铰链,其约束力用两个正交的分力 F_x 和 F_y 表示。

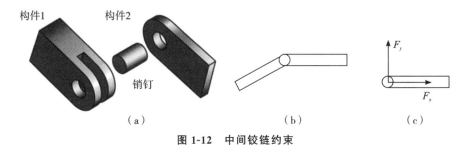

图 1-12　中间铰链约束

(2)固定铰链支座约束

如果连接铰链中有一个构件与地基或机架相连,便构成固定铰链支座,其约束反力用两个正交的分力 F_x 和 F_y 表示。

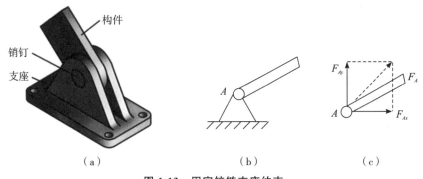

图 1-13　固定铰链支座约束

(3)活动铰链约束

在桥梁、屋架等工程结构中经常采用这种约束。在铰链支座的底部安装一排滚轮,可使支座沿固定支承面移动,这种支座的约束性质与光滑面约束相同,其约束力必垂直于支承面,且通过铰链中心。

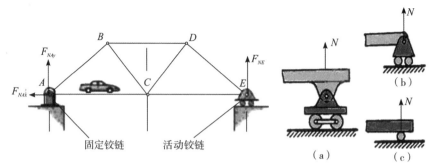

图 1-14　活动铰链约束

4.固定端约束

定义:物体的一部分固嵌于另一物体所构成的约束,称为固定端约束。

特点:固定端约束能限制物体沿任何方向的移动,也能限制物体在约束处的转动。

约束力方向:固定端 A 处的约束反力可用两个正交的分力 F_{Ax}、F_{Ay} 和力矩为 M_A 的力偶表示。

举例:如图 1-15 所示,建筑物上的阳台、车床上的刀具是固定端约束。

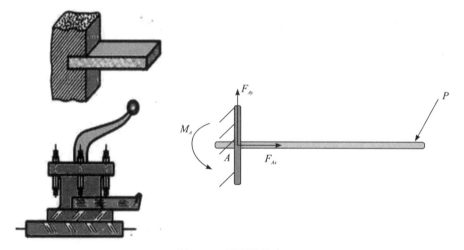

图 1-15　固定端约束

同步练习

一、单选题

1.一个杆件的一端完全固定,既不能够移动也不能够转动的约束类型是(　　)。

　　A.固定端约束　　　　B.柔性约束　　　　C.光滑面约束　　　　D.活动铰链约束

2.不属于固定端约束实例的是(　　)。

　　A.用卡盘夹紧工件　　　　　　　　B.用绳索悬挂的重物

　　C.固定在刀架上的车刀　　　　　　D.地面对电线杆所形成的约束

3.用销钉将两个具有相同直径圆柱孔的物体连接起来,且不计销钉与销钉孔壁之间的摩擦的约束是(　　)。

  A.柔性约束   B.光滑面约束

  C.固定端约束   D.光滑圆柱铰链约束

4.课桌对桌面上书本的约束类型是(　　)。

  A.柔性约束   B.光滑面约束   C.铰链约束   D.固定端约束

5.带传动中,带所产生的约束力属于(　　)。

  A.光滑面约束   B.固定铰链约束   C.柔性约束   D.活动铰链约束

6.光滑面约束的约束力总是沿接触面的(　　)方向。

  A.任意   B.铅垂   C.公切线   D.公法线

7.静止在水平地面上的物体受到重力 G 和支持力 F_N 的作用,物体对地面的压力为 F,则以下说法中正确的是(　　)。

  A. F 和 F_N 是一对平衡力

  B. G 和 F_N 是一对作用力和反作用力

  C. F_N 和 F 的性质相同,都是弹力

  D. G 和 F_N 是一对平衡力

8.如果两个未固定的构件用圆柱形光滑销钉连接,就成为(　　)。

  A.固定铰链约束   B.光滑面约束   C.中间铰链约束   D.固定端约束

9.一般情况下,中间铰链约束的约束力可用(　　)来表示。

  A.一对相互垂直的力

  B.一个力偶

  C.一对相互垂直的力和一个力偶

  D.一对相互垂直的力和两个力偶

10.(　　)的约束力可用一个沿支承面法线方向的力来表示。

  A.固定铰链约束   B.光滑面约束   C.中间铰链约束   D.固定端约束

11.(　　)的约束力可用一对相互垂直的力和一个力偶来表示。

  A.中间铰链约束   B.活动铰链约束   C.光滑面约束   D.固定端约束

12.(　　)的特点是限制物体既不能移动,也不能转动。

  A.固定铰链约束   B.活动铰链约束   C.光滑面约束   D.固定端约束

13.下列(　　)为固定端约束的特征。

  A.只能受拉,不能受压,只能限制物体沿着它的中心线作离开的运动,而不能限制其他方向的运动

  B.只能限制物体沿接触面的内法线方向运动,而不能限制物体沿接触面的外法线方向和切线方向运动

  C.只能限制两构件间的相对平移,而不能限制两构件间的相对转动

  D.既能限制物体的平移,也能限制物体的转动

14.中间铰链约束对构件的约束与(　　)对构件的约束性质相同。

　A.固定铰链约束　　B.活动铰链约束　　C.光滑面约束　　　D.固定端约束

15.一般情况下,固定铰链约束的约束力可用(　　)来表示。

　A.一对相互垂直的力　　　　　　　　B.一个力偶

　C.一对相互垂直的力和一个力偶　　　D.一对相互垂直的力和两个力偶

二、判断题

1.柔性约束只能承受拉力,而不能承受压力。　　　　　　　　　　　　　(　　)

2.固定铰链、固定端的约束力完全一样,只用一对正交分力来表示。　　(　　)

3.柔性约束的约束力方向一定背离被约束物体。　　　　　　　　　　　(　　)

4.约束力的方向总是与约束所限制的物体运动方向一致。　　　　　　　(　　)

5.固定铰链支座约束的约束力通常用通过铰链中心的两个正交分力来表示。(　　)

6.固定端约束的约束力用通过铰链中心的两个正交分力来表示。　　　　(　　)

7.限制物体运动的其他物体称为该物体的约束。　　　　　　　　　　　(　　)

8.光滑面约束的约束力总是沿接触面的公切线方向。　　　　　　　　　(　　)

9.中间铰链约束的约束力通常用通过铰链中心的两个正交分力来表示。　(　　)

10.固定端约束不允许被约束物体与约束之间发生任何相对移动和转动。(　　)

三、连线题

请将下列约束类型与其应用用线条进行一一对应连接。

约束类型	应用
柔性约束	课桌对桌面上书本的约束
光滑面约束	用卡盘夹紧工件
固定端约束	用绳索悬挂的灯

1.4　力系和受力图

学习要点

一、力系的概念

若在同一物体上作用有两个或两个以上的力,则这样的一群力称为力系。

二、平面力系及分类

平面力系:力系中各力作用在同一个平面内。平面力系分平面汇交力系、平面平行力系、平面任意力系。

平面汇交力系:力系中各力作用在同一平面内,且各力的作用线都汇交于一点。

平面汇交力系平衡的充分和必要条件:该力系的合力等于零,即力系中各力的矢量和为零。

平面汇交力系平衡的几何条件:该力系的力多边形是自身封闭的力多边形。

三、合力投影定理

力系的合力在某轴上的投影等于各力在同一轴上投影的代数和。

四、受力图

1.分离体

为了清楚地表示所研究物体的受力情况,需将研究对象从周围的物体中分离出来,即解除全部约束,单独画出。这种被分离出来的物体称为分离体。

2.受力图

为了使分离体的受力情况与原来的受力情况一致,必须将研究对象所受的全部主动力和约束力画在分离体上,这样的简图称为受力图。

3.画受力图的步骤

(1)根据问题的要求选取研究对象,画出分离体简图;
(2)画出分离体所受的全部主动力;
(3)在分离体上原来存在约束的地方,按照约束类型逐一画出约束力。

4.举例

【例 1-2】重量为 G 的圆球,用绳索拴住并置于光滑的铅垂墙面上,如图 1-16(a)所示,试画出圆球的受力图。

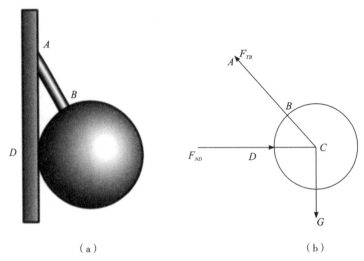

（a）　　　　　　　　　　　　　　　　（b）

图 1-16　圆球受力分析

解：

（1）取圆球为研究对象，画出圆球的分离体。

（2）画出主动力。重力 G 向下并作用于球心上。

（3）画出约束力。根据约束的性质确定约束力的方位，解除绳约束，画上约束力 F_{TB}。

（4）解除铅垂墙面约束，画上约束力 F_{ND}。

（5）如图 1-16（b）所示。

【例 1-3】如图 1-17（a）所示支撑架，试画出斜杆 CD 和水平梁 AB 的受力图（不计杆、梁质量）。

二力杆：一根杆件，如只在两端受到两个力，且处于平衡状态（二力平衡），这样的杆称为"二力杆"。其受力特点是杆件受到的两个力大小相等，方向相反且在同一直线（两个力作用点的连线）上。

解：斜杆 CD 和水平梁 AB 的受力分析图如图 1-17（b）所示。

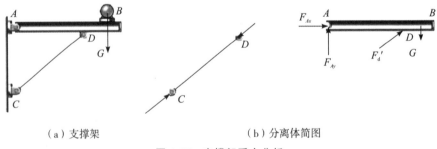

（a）支撑架　　　　　　　　　　（b）分离体简图

图 1-17　支撑架受力分析

同步练习

一、选择题

1.如图所示的结构中,CD 杆不属于二力杆的是(　　)。

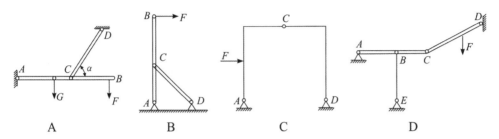

A B C D

2.二力杆是指下列哪类杆件(　　)。

　　A.只受两个力的杆件　　　　　　　　B.所示力沿直线作用的杆件

　　C.只受轴力的杆　　　　　　　　　　D.力作用于杆件两端的受力杆

3.静力学中研究的二力杆是(　　)。

　　A.在两个力作用下平衡的物体　　　　B.在两个力作用下的物体

　　C.在三个力作用下的物体　　　　　　D.在力系作用下的物体

4.平面汇交力系的合力一定等于(　　)。

　　A.各分力的代数和　　　　　　　　　B.各分力的矢量和

　　C.零　　　　　　　　　　　　　　　D.不确定

5.平面汇交力系平衡的充分必要条件是(　　)。

　　A.各力对某一坐标轴的投影的代数和为零

　　B.各力在同一直线上

　　C.合力为零

　　D.各力相互平行

6.平面任意力系平衡的充分必要条件是(　　)。

　　A.合力为零

　　B.合力矩为零

　　C.各分力对某坐标轴投影的代数和为零

　　D.合力和合力矩均为零

7.作用在刚体上的平衡力系,如果作用在变形体上,则变形体(　　)。

　　A.一定平衡　　　　B.一定不平衡　　　　C.不一定平衡　　　　D.一定有合力

8.如果力 F_R 是 F_1、F_2 二力的合力,用矢量方程表示为 $\boldsymbol{F}_R = \boldsymbol{F}_1 + \boldsymbol{F}_2$,则三力大小的
　关系为(　　)。

　　A.必有 $F_R = F_1 + F_2$　　　　　　　B.不可能有 $F_R = F_1 + F_2$

　　C.必有 $F_R > F_1$,$F_R > F_2$　　　　　D.可能有 $F_R < F_1$,$F_R < F_2$

9.若力系中的各力对物体的作用效果彼此抵消,则该力系为(　　)。

    A.等效力系　　　　　B.汇交力系　　　　　C.平衡力系　　　　　D.平行力系

10.若某刚体在平面任意力系作用下平衡,则此力系各分力对刚体(　　)之矩的代数和必为零。

    A.特定点　　　　　　B.重心　　　　　　　C.任意点　　　　　　D.坐标原点

11.平面汇交力系是指(　　)。

    A.作用线都在一个平面内且方向相同

    B.作用线都在一个平面内

    C.作用线都在一个平面内且汇交于一点

    D.作用线都在一个平面内,且方向相反

12.平面汇交力系的合成结果是(　　)。

    A.一个合力　　　　　　　　　　　B.一个合力偶

    C.一个合力和一个合力偶　　　　　D.不能确定

13.在平面力系中,下列哪种情况属于平面汇交力系(　　)。

    A.各力的作用线相互平行

    B.各力的作用线既不平行又不相交

    C.各力的作用线均相交于同一点

    D.两个大小相等、方向相反、作用线不重合的平行力

14.下列关于平面汇交力系的说法正确的是(　　)。

    A.各力的作用线不汇交于一点的力系,称为平面一般力系

    B.力在 x 轴上投影的绝对值为 $F_x = F\cos\alpha$

    C.力在 y 轴上投影的绝对值为 $F_y = F\cos\alpha$

    D.合力在任意轴上的投影等于各分力在同一轴上投影的代数和

15.下面(　　)的杆件为典型的二力杆件。

    A.只能承受拉力　　　　　　　　　B.既承受拉、压力,又承受弯矩

    C.只承受轴向力(拉、压)　　　　　D.只承受弯矩

二、判断题

1.平面汇交力系中合力的大小一定大于其任意一个分力的大小。　　　　　　(　　)

2.在两个力作用下处于平衡的杆件称为二力杆。　　　　　　　　　　　　(　　)

3.凡是受二力作用的物体就是二力杆。　　　　　　　　　　　　　　　　(　　)

4.受平面汇交力系作用的刚体,若力系合力为零,则刚体一定平衡。　　　　(　　)

5.在作用着已知力系的刚体上,加上或减去任意的平衡力系,并不改变原力系对刚体的作用效果。　　　　　　　　　　　　　　　　　　　　　　　　　　　(　　)

6.对于二力构件,因为作用的两个力位于同一条直线上,所以必须是直杆。　(　　)

7.某平面力系的合力为零,其合力偶矩一定也为零。　　　　　　　　　　(　　)

8.受平面力系作用的刚体只可能产生转动。　　　　　　　　　　　　（　　）

9.两个力在同一坐标轴上的投影相等,则此两力必相等。　　　　　　（　　）

10.力在轴上的投影等于零,则该力一定与该轴平行。　　　　　　　（　　）

三、分析题

1.画出 *AB* 杆的受力图(杆的自重不计)。

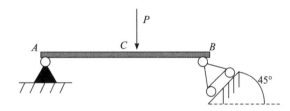

2.画出 *AB* 杆、*BC* 杆的受力图(杆的自重不计)。

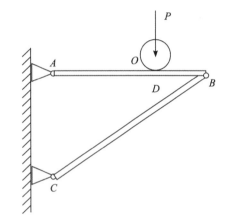

第 2 章　直杆的基本变形

大纲要求

序号	考核要点	分值比例(约占)
1	理解直杆轴向拉伸与压缩、剪切、扭转和弯曲的概念	
2	掌握由实例或简单受力图进行基本变形分析的能力	卷Ⅰ:0%
3	了解强度、刚度、硬度和疲劳强度的概念,了解屈服极限和强度极限的概念	卷Ⅱ:5%

2.1　材料的力学性能

学习要点

一、力学性能

材料在外力作用下所表现出来的性能称为材料的力学性能,如强度、刚度、硬度和疲劳强度等。

二、强度

材料在外力作用下抵抗破坏的能力称为强度。强度用应力表示,其符号是 σ,单位为 $MPa(N/mm^2)$。常用的强度指标有屈服强度和抗拉强度,通过拉伸试验测定。

1.屈服强度:也称屈服点,指材料在拉伸过程中所受应力达到该临界值时,即使载荷不再增加,变形却继续增加或产生原长度 0.2% 的变形。其符号用 σ_s 表示。

2.抗拉强度:也称强度极限,指材料在拉断前所承受的最大应力,其符号用 σ_b 表示。

三、刚度

材料在外力作用下抵抗弹性变形的能力称为刚度。材料的刚度通常用弹性模量 E 来衡量。刚度可分为静刚度和动刚度。

四、硬度

材料抵抗其他硬物压入其表面的能力称为硬度。材料的硬度越高,其耐磨性越好。常用的硬度指标有布氏硬度、洛氏硬度和维氏硬度。

(一)布氏硬度

1.试验方法:用一定大小的试验力 F,把直径为 D 的淬火钢球或硬质合金球压入被测金属的表面,保持规定时间后卸除试验力,用读数显微镜测出压痕平均直径 d,然后按公式求出布氏硬度的值。

2.表示方法:布氏硬度用 HBS、HBW 表示,S 表示钢球压头,W 表示硬质合金球压头。规定布氏硬度表示为:在符号 HBS 或 HBW 前写出硬度值,符号后面依次用相应数字注明压头直径(mm)、试验力(N)和保持时间(s)。如 120 HBS 10/1000/30。

3.适用范围:适用于测量硬度值小于 450 的材料,主要用来测定灰铸铁、有色金属和经退火、正火及调质处理的钢材。

(二)洛氏硬度

1.试验方法:用一个顶角为 120°的金刚石圆锥体或直径为 1.5875 mm/3.175 mm/6.35 mm/12.7 mm 的钢球,在一定载荷下压入被测材料表面,由压痕深度求出材料的硬度。

2.表示方法:常用 HRA、HRB、HRC 三种,其中 HRC 最为常用。洛氏硬度的表示方法为:在符号前面写出硬度值。如 62 HRC。

3.适用范围:HRC 在 20～70 范围内有效,常用来测定淬火钢和工具钢、模具钢等材料,1 HRC 相当于 10 HBS。

(三)维氏硬度

1.试验方法:将相对面夹角为 136°的方锥形金刚石压入材料表面,保持规定时间后,用测量压痕对角线长度,再按公式来计算硬度的大小。

2.表示方法:常用 HV 表示,在符号前面写出硬度值,后面写出试验力值。如 640 HV 40。

3.适用范围:常用于测薄件、镀层、化学热处理后的表层等。

五、疲劳强度

材料在无数次重复的交变应力作用下不被破坏的最大应力称为疲劳强度。通常规定钢铁材料的循环基数取 10^7 ，有色金属取 10^8 。当施加的交变应力是对称循环应力时，所得的疲劳强度用 σ_{-1} 表示，单位为 MPa。

同步练习

一、选择题

1.金属材料在静载荷作用下抵抗破坏的能力称为（　　　）。
   A.强度　　　　　　B.刚度　　　　　　C.塑性　　　　　　D.硬度

2.材料（或杆件）抵抗变形的能力称为（　　　）。
   A.强度　　　　　　B.刚度　　　　　　C.韧性　　　　　　D.屈服极限

3.在金属材料的力学性能指标中，"200 HBW"是指（　　　）。
   A.硬度　　　　　　B.弹性　　　　　　C.强度　　　　　　D.塑性

4.强度是指材料在外力作用下抵抗（　　　）。
   A.弹性变形而不断裂的能力　　　　　B.弯曲变形的能力
   C.扭曲变形的能力　　　　　　　　　D.塑性变形而不断裂的能力

5.布氏硬度用符号（　　　）表示。
   A. HA　　　　　　B. HC　　　　　　C. HB　　　　　　D. HR

6.试样拉断前所承受的最大标称拉应力为（　　　）。
   A.抗压强度　　　　B.屈服强度　　　　C.疲劳强度　　　　D.抗拉强度

7. HRC 符号表示金属材料的（　　　）。
   A.布氏硬度　　　　B.维氏硬度　　　　C.洛氏硬度　　　　D.疲劳强度

8.可引起金属疲劳的是（　　　）。
   A.静载荷　　　　　B.动载荷　　　　　C.交变载荷　　　　D.冲击载荷

9.当施加的交变应力是对称循环应力时，所得的疲劳强度用（　　　）表示。
   A. σ_b 　　　　　　B. σ_s 　　　　　　C. σ_{-1} 　　　　　　D. $\sigma_{0.2}$

10. σ_s 符号表示金属材料的（　　　）。
   A.布氏硬度　　　　B.维氏硬度　　　　C.屈服点　　　　　D.疲劳强度

二、判断题

1. HV 符号表示材料的维氏硬度。　　　　　　　　　　　　　　　　　（　　　）

2. σ_b 符号表示金属材料的抗拉强度。　　　　　　　　　　　　　　（　　　）

3.拉伸试验时，拉件拉断前所能承受的最大应力是弹性极限。　　　　（　　　）

4.材料在外力作用下抵抗弹性变形的能力称为强度。　　　　　　　　（　　　）

5.材料在无数次静载荷作用下而不被破坏的最大应力称为疲劳强度。　　　　（　　）

三、连线题

请将下列硬度指标与符号用线条进行一一对应连接。

硬度指标	符号
布氏硬度	HR
洛氏硬度	HV
维氏硬度	HB

2.2　直杆的基本变形

学习要点

一、基本变形的概念

变形：分为弹性变形和塑性变形。

强度：零件抵抗塑性变形和破坏的能力。

刚度：零件抵抗弹性变形的能力。

当外力以不同的方式作用于零件时，可以使零件产生不同的变形，基本变形有轴向拉伸与压缩、剪切与挤压、扭转与弯曲。

二、基本变形的类型

（一）拉伸与压缩

1.受力特点：外力（外力的合力）沿杆轴线作用。

2.变形特点：杆件沿轴向伸长或缩短。

3.内力：在外力作用下，杆件产生变形，杆件材料内部产生阻止变形的抗力。

4.应力：构件在外力作用下单位面积上的内力。轴向拉伸和压缩时应力垂直于截面，称为正应力，记作 σ。轴向拉压杆横截面上正应力的计算公式：

$$\sigma = \frac{F_N}{A}$$

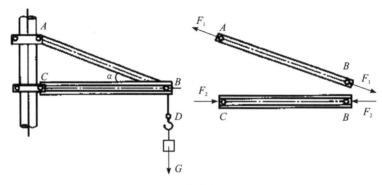

图 2-1　拉伸与压缩

应力 σ 的正负号规定为:拉应力为正,压应力为负。

(二)剪切与挤压

1.剪切

(1)受力特点:作用在构件两侧面上的外力(或外力的合力)大小相等、方向相反且作用线相距很近。

(2)变形的特点:构件沿两力作用线之间的某一截面产生相对错动或错动趋势,由矩形变为平行四边形。

图 2-2　剪切变形

2.挤压

(1)挤压变形:连接件和被连接件接触面相互压紧的现象。

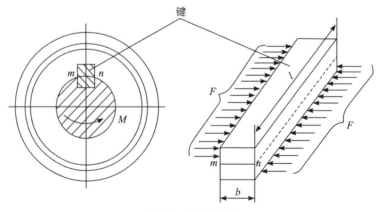

图 2-3　挤压变形

(2)挤压面:构件受到挤压变形时相互挤压的接触面。挤压面垂直于外力的作用线。挤压面上的作用力称为挤压力。

(3)挤压破坏:因挤压力过大,连接件接触面出现局部变形或压溃的现象。

(三)扭转与弯曲

1.扭转

(1)受力特点:在横截面内作用一对等值、反向的力偶。
(2)变形特点:轴表面的纵线变成螺旋线。

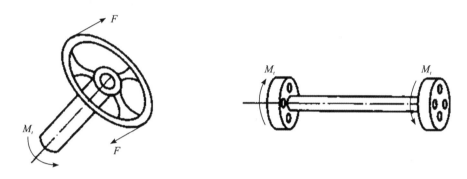

图 2-4　扭转变形

2.弯曲

(1)受力特点:垂直于梁轴线的外力或在轴线平面内作用的力偶。
(2)变形特点:使梁的轴线由直变弯。通常将只发生弯曲变形或以弯曲变形为主的杆件称为梁。

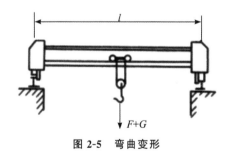

图 2-5　弯曲变形

三、工程实例与变形分析

表 2-1　工程实例与变形分析

变形形式	工程实例	受力和变形分析
拉伸或压缩	汽缸活塞杆	活塞杆
剪切	螺栓 铆钉	
挤压	销连接	

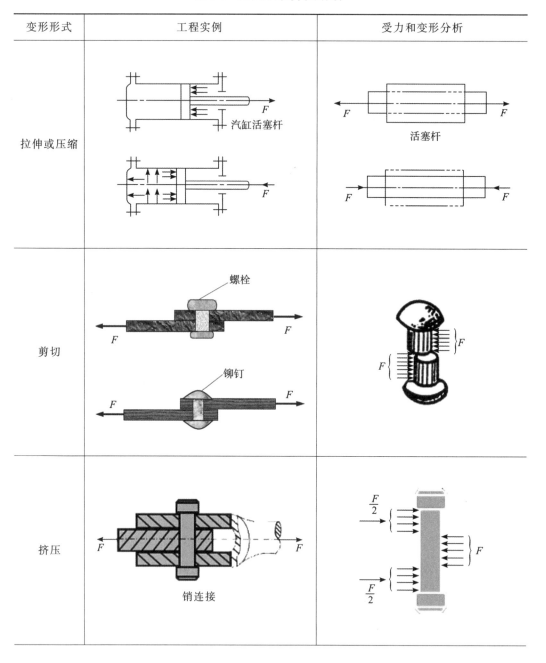

续表

变形形式	工程实例	受力和变形分析
扭转	 汽车方向盘	
弯曲	 桥式吊车	

同步练习

一、选择题

1.通常建筑物的立柱会产生(　　　)。

　　A.拉伸变形　　　　B.压缩变形　　　　C.扭转变形　　　　D.挤压变形

2.下列构件在使用中可产生扭转变形的是(　　　)。

　　A.起重机吊钩　　　B.钻孔的钻头　　　C.火车车轴　　　　D.自行车前轴

3.工程中,受到剪切力和挤压力的作用而发生变形的是(　　　)。

　　A.键　　　　　　　　　　　　　B.汽车的传动轴

　　C.机床主轴　　　　　　　　　　D.断裂的齿轮轴

4.汽车方向盘下的转动轴为(　　　)。

　　A.拉伸构件　　　　B.受扭构件　　　　C.剪切构件　　　　D.梁

5.为了提高抗弯能力,工程上常将梁的截面设计成(　　　)。

　　A.工字形　　　　　　B.实心圆　　　　　　C.矩形　　　　　　D.环形

6.工程中不受挤压变形的零件有(　　　)。

　　A.销　　　　　　　　B.铆钉　　　　　　　C.拉杆　　　　　　D.键

7.构件发生剪切变形的同时,往往在其互相接触的作用面间发生(　　　)变形。

　　A.拉伸　　　　　　　B.扭转　　　　　　　C.弯曲　　　　　　D.挤压

8.梁弯曲变形时,横截面上存在(　　　)两种内力。

　　A.轴力和扭矩　　　　　　　　　　B.剪力和扭矩

　　C.轴力和弯矩　　　　　　　　　　D.剪力和弯矩

9.火车轮轴产生的变形是(　　　)。

　　A.轴向拉伸(或压缩)　　　　　　　B.剪切与挤压

　　C.扭转　　　　　　　　　　　　　D.弯曲

10.剪切变形的特点是杆件截面沿两力作用的方向发生相对的(　　　)。

　　A.转动　　　　　　　B.错动　　　　　　　C.扭转　　　　　　D.弯曲

11.拧紧后的螺栓连接会受到(　　　)变形。

　　A.轴向拉伸(或压缩)　　　　　　　B.剪切与挤压

　　C.扭转　　　　　　　　　　　　　D.弯曲

12.气缸活塞运动过程中会受到(　　　)变形。

　　A.剪切与挤压　　　　　　　　　　B.轴向拉伸(或压缩)

　　C.弯曲　　　　　　　　　　　　　D.扭转

二、判断题

1.铆钉在工作过程中受到挤压和剪切两种变形。　　　　　　　　　　　　(　　　)

2.直杆的基本变形有拉伸与压缩、剪切与挤压、扭转、弯曲。　　　　　　　(　　　)

3.剪切和挤压总是同时产生,所以剪切面和挤压面是同一个面。　　　　　(　　　)

4.直杆的轴向拉伸与压缩是由大小相等、方向相反、作用线与杆件轴线重合的一对力
　　所引起的,表现为杆件长度的伸长或缩短。　　　　　　　　　　　　　(　　　)

5.剪切的变形特点为构件沿两组平行力系的交界面发生相对错动。　　　　(　　　)

6.连接件和被连接件接触面相互压紧的现象称为挤压。　　　　　　　　　(　　　)

7.扭转是由大小相等、转向相反、作用面都垂直于杆轴的一对力偶所引起的。(　　　)

8.剪切面通常与外力方向平行,挤压面通常与外力方向垂直。　　　　　　　(　　　)

9.剪切的受力特点是在横截面内作用一对等值、反向的力偶。　　　　　　　(　　　)

10.使梁的轴线由直变弯是弯曲的变形特点。　　　　　　　　　　　　　　(　　　)

三、连线题

1.请将下列物体受力后的变形形式用线条进行一一对应连接。

物体受力	变形形式
起重机的横梁	拉伸变形
剪切的钢板	弯曲变形
载重汽车的传动轴	扭转变形
起重机的吊环	压缩变形
房屋的立柱	剪切变形

2.请将下列杆件变形种类和变形特点用线条进行一一对应连接。

变形类型	变形特点
拉伸变形	在两外力作用线间的截面发生错动
压缩变形	沿杆件轴线伸长
剪切变形	轴线由直线变成曲线
扭转变形	沿杆件轴线缩短
弯曲变形	截面之间绕轴线发生相对转动

第3章　工程材料

大纲要求

序号	考核要点	分值比例(约占)
1	了解铸铁的牌号和分类	
2	理解常用碳钢的牌号和分类	
3	了解常用碳钢的牌号：20Cr、20CrMnTi、40Cr、40MnB、GCr15、GCr15SiMn、9SiCr 和 CrωMn 等的含义	5%
4	了解钢的热处理的目的、分类	

3.1　常用碳钢

学习要点

一、碳钢的相关知识

含碳量 ω_C 小于 2.11% 且不含特意加入合金元素的铁碳合金称为碳素钢。

碳钢中除铁(Fe)与碳(C)两种元素外,还含有少量锰(Mn)、硅(Si)、硫(S)、磷(P)等杂质元素。

Mn、Si 为有益元素,Mn 是良好的脱氧剂和脱硫剂,Si 是还原剂和脱氧剂。

S、P 为有害元素,P 会增加钢的冷脆性,使焊接性能变差,降低塑性,使冷弯性能变差;S 会使钢产生热脆性,降低钢的延展性和韧性,在锻造和轧制时造成裂纹。

二、碳钢的分类

1.按钢的含碳量分类

(1)低碳钢:含碳量 $\omega_C < 0.25\%$;

(2)中碳钢:含碳量 ω_C 为 $0.25\% \sim 0.60\%$;

(3)高碳钢:含碳量 $\omega_C > 0.60\%$。

2.按钢的质量分类(按硫与磷的含量分类)

(1)普通碳素钢:$\omega_S \leq 0.050\%$,$\omega_P \leq 0.045\%$;

(2)优质碳素钢:$\omega_S \leq 0.035\%$,$\omega_P \leq 0.035\%$;

(3)高级优质碳素钢:$\omega_S \leq 0.025\%$,$\omega_P \leq 0.025\%$。

3.按钢的用途分类

(1)碳素结构钢:主要用于制造金属结构、零件,通常 $\omega_C < 0.70\%$;

(2)碳素工具钢:主要用于制造刃具、量具和模具,通常 $\omega_C > 0.70\%$。

三、常用碳钢的牌号

1.普通碳素结构钢

牌号:"Q"+最低屈服强度+质量等级+脱氧方法。

"Q"为"屈"的汉语拼音首字母;质量等级以字母 A、B、C、D(按 A 至 D 依次提高)表示;脱氧方法有沸腾钢 F、半镇静钢 B、镇静钢 Z、特殊镇静钢 TZ。

Q235AF:屈服强度不小于 235 MPa,质量等级为 A 级,脱氧方法为沸腾钢的普通碳素结构钢。

2.优质碳素结构钢

牌号:两位数字。

两位数字表示该钢的平均碳的质量分数的万分之几(以 0.01% 为单位);较高含锰量钢在牌号后标出"Mn"。

08F:平均含碳量为 0.08% 的沸腾钢。

45:平均含碳量为 0.45% 的优质碳素结构钢。

50Mn:平均含碳量为 0.50%,且含锰量较高的优质碳素结构钢。

3.碳素工具钢

牌号:T+数字。

"T"为"碳"的汉语拼音首字母;数字表示平均碳的质量分数的千分数;高级优质钢在数字后面加"A"。

碳素工具钢具有高硬度和高耐磨性,都是优质钢或高级优质钢。

T8:平均含碳量为0.8%的优质碳素工具钢。

T12A:平均含碳量为1.2%的高级优质碳素工具钢。

4.碳素铸钢

牌号:ZG+数字1-数字2。

"ZG"为"铸钢"两字的汉语拼音首字母;第一组数字代表铸钢最低屈服强度,第二组数字代表铸钢最低抗拉强度。

ZG230-450:一般工程铸钢,屈服强度≥230 MPa,抗拉强度≥450 MPa。

ZG200-400H:焊接结构铸钢,屈服强度≥200 MPa,抗拉强度≥400 MPa。

四、常用碳钢的特性和应用

1.碳素结构钢

常用碳素结构钢的牌号、性能特点及用途见表3-1。

表 3-1　常用碳素结构钢

牌号	等级	性能特点	用途举例
Q195		塑性好,有一定的强度	用于载荷较小的钢丝、垫圈、铆钉、开口销、拉杆、地脚螺栓、冲压件、焊接件等
Q215	A	塑性好,焊接性好	用于钢丝、垫圈、铆钉、拉杆、短轴、金属结构件、渗碳件、焊接件等
	B		
Q235	A	有一定的强度、塑性、韧性,焊接性好,易于冲压,可满足钢结构的要求,应用广泛	应用最广,用于制作薄板、中板、钢筋、各种型材、一般工程构件、受力不大的机器零件,如小轴、拉杆、螺栓、连杆等
	B		
	C		
	D		

续表

牌号	等级	性能特点	用途举例
Q275	A B C D	较高的强度、塑性,焊接性较差	可用于强度要求较高的机械零件,如轴、齿轮、连杆、键、金属构件

2.优质碳素结构钢

常用优质碳素结构钢的牌号、性能特点及用途见表 3-2。

表 3-2　常用优质碳素结构钢

牌号	性能特点	用途举例
08F、08、10	塑性、韧性好,强度不高	冷轧薄板、钢带、钢丝、钢板、冲压制品,如外壳、容器、罩子、弹壳、垫片、垫圈等
15、20、25、15Mn、20Mn	塑性、韧性好,有一定的强度	不需要热处理的低负荷零件,如螺栓、螺钉、螺母、拉杆、法兰盘,渗碳、淬火、低温回火后可制作齿轮、轴、凸轮等
30、35、40、45、50、55、30Mn、40Mn、50Mn	综合力学性能较好	主要制作齿轮、连杆、轴类等零件,其中 40 钢、45 钢应用最广
60、65、70、60Mn、65Mn	高的弹性和屈服强度	常制作弹性零件和易磨损零件,如弹簧、弹簧垫圈、轧辊、犁镜等

3.碳素工具钢

常用碳素工具钢的牌号、性能特点及用途见表 3-3。

表 3-3　常用碳素工具钢

牌号	性能特点	用途举例
T7、T7A、T8、T8A、T8Mn	韧性较好,有一定的硬度	木工工具、钳工工具,如锤子、錾子、模具、剪刀等,T8Mn 可制作截面较大的工具
T9、T9A、T10、T10A、T11、T11A	较高的硬度、耐磨性,一定的韧性	低速工具,如刨刀、丝锥、板牙、锯条、游标卡尺、冲模、拉丝模等
T12、T12A、T13、T13A	硬度高,耐磨性高,韧性差	不受振动的低速刀具,如锉刀、刮刀、外科用刀具和钻头等

同步练习

一、单选题

1.下列不属于碳素钢四大杂质元素的是（　　）。

　A. S　　　　　　　B. P　　　　　　　C. Mn　　　　　　D. Cr

2.含碳量小于2.11％且不含特意加入的合金元素的铁碳合金称为（　　）。

　A.碳素钢　　　　　　　　　　　B.合金钢

　C.低碳钢　　　　　　　　　　　D.普通碳素钢

3.碳素钢按含碳量分为低碳钢、（　　）和高碳钢。

　A.普通碳素钢　　　　　　　　　B.中碳钢

　C.优质碳素钢　　　　　　　　　D.高级优质碳素钢

4.含碳量小于0.25％的碳素钢是（　　）。

　A.低碳钢　　　　　　　　　　　B.中碳钢

　C.高碳钢　　　　　　　　　　　D.普通碳素钢

5. Q235-AF牌号中的F表示（　　）。

　A.沸腾钢　　　　　　　　　　　B.镇静钢

　C.半镇静钢　　　　　　　　　　D.特殊镇静钢

6. 08F表示含碳量（　　）的沸腾钢。

　A. 8％　　　　B. 0.8％　　　　C. 0.08％　　　　D. 0.008％

7.硫是钢中的有害元素,它会使钢出现（　　）现象。

　A.热脆　　　　B.冷脆　　　　C.氢脆　　　　D.氧化

8. T8表示平均含碳量为（　　）的碳素工具钢。

　A. 8％　　　　B. 0.8％　　　　C. 0.08％　　　　D. 0.008％

9. ZG200-400中的200表示（　　）。

　A.最低抗拉强度　　　　　　　　B.屈服极限数值

　C.最低屈服强度　　　　　　　　D.含碳量

10.在下列材料中,凿子宜选（　　）钢制造。

　A. T8　　　　B. T10　　　　C. T12　　　　D. Q235

11.用于制造刃具、量具和模具的钢,一般选用（　　）。

　A.低碳钢　　　　　　　　　　　B.中碳钢

　C.高碳钢　　　　　　　　　　　D.普通碳素钢

12.下列钢号中,属于铸钢的是（　　）。

　A. 60　　　　B. T12A　　　　C. Q235-A·F　　　　D. ZG310-570

13.下列属于优质碳素钢的有（　　）。

　A. 45　　　　B. Q235-A·F　　　　C. T8A　　　　D. ZG200-400

14.在下列优质碳素钢中比较适用于制作薄板、中板、钢筋和各种型材的是（　　）。

　　A. Q195　　　　　　B. Q215　　　　　　C. Q235　　　　　　D. Q275

15.轴类零件常用的材料是(　　　)。

　　A. Q235　　　　　　B. 35　　　　　　　C. 45　　　　　　　D. T12A

二、判断题

1.碳钢按碳质量分数不同,分低碳钢、中碳钢和高碳钢三类,低碳钢是 $\omega_C < 0.25\%$ 的
钢。　　　　　　　　　　　　　　　　　　　　　　　　　　　　　　(　　　)

2.碳钢中常存杂质元素中的锰和硅是有益元素。　　　　　　　　　　　　(　　　)

3.一般来说,硬度高的金属材料耐磨性也好。　　　　　　　　　　　　　(　　　)

4.碳素工具钢一般具有较高的含碳量。　　　　　　　　　　　　　　　　(　　　)

5.20 表示平均含碳量为 0.020％的优质碳素结构钢。　　　　　　　　　　(　　　)

6.40Mn 表示平均含碳量为 0.40％的较高含锰量的优质碳素结构钢。　　　(　　　)

7.T12A 钢的碳的质量分数是 12％。　　　　　　　　　　　　　　　　　(　　　)

8.碳钢按用途分为碳素结构钢和碳素工具钢。碳素结构钢用于制造机械零件、工程
结构件。　　　　　　　　　　　　　　　　　　　　　　　　　　　　(　　　)

9.T10A 钢的质量优于 T10 钢,20 钢的质量优于 Q235-A·F 钢。　　　　 (　　　)

10.钢的含碳量越高,其强度、硬度越高,塑性、韧性越好。　　　　　　　(　　　)

三、连线题

1.请将碳素钢与其对应的含碳量用线条进行一一对应连接。

碳素钢	含碳量
低碳钢	0.25％～0.60％
中碳钢	＞0.60％
高碳钢	＜0.25％

2.请将以下各碳素钢牌号与其所属种类用线条进行一一对应连接。

碳素钢的牌号	种类
Q235	碳素铸钢
T12A	普通碳素结构钢
45	碳素工具钢
ZG200-400	优质碳素结构钢

3.2 常用合金钢

学习要点

一、合金钢的相关知识

合金钢是在碳钢的基础上加入其他合金元素的钢。常用的合金元素有硅（Si）、锰（Mn）、铬（Cr）、镍（Ni）、钨（W）、钼（Mo）、钒（V）、钛（Ti）、铝（Al）、硼（B）及稀土元素铼（Re）等。

合金钢按合金元素的质量分数分为低合金钢（$\omega_{Me}<5\%$）、中合金钢（$5\%\leqslant\omega_{Me}\leqslant10\%$）、高合金钢（$\omega_{Me}>10\%$），按钢中合金元素分为锰钢、铬钢、硼钢、铬镍钢、铬锰钢等，按用途分为合金结构钢、合金工具钢、特殊性能钢。

二、常用合金钢的牌号

合金结构钢按用途可分为低合金高强度结构钢和机械制造用钢两大类。

1.低合金高强度结构钢

具有较高的屈服强度和良好的塑性和韧性，良好的焊接性和一定的耐蚀性。

牌号：Q＋最低屈服强度＋质量等级。

"Q"为"屈"的汉语拼音首字母；质量等级符号（A、B、C、D、E）。

Q390A：屈服强度≥390 MPa、质量等级为 A 级的低合金高强度结构钢。

Q460E：屈服强度≥460 MPa、质量等级为 E 级的低合金高强度结构钢。

2.机械制造用钢

主要用于制造各种机械的零部件。

牌号：两位数字＋合金元素＋数字

前面两位数字表示钢中平均含碳量的万分数；元素后面的数字表示合金元素平均含量的百分数；当合金元素的平均含量小于 1.5％时，只标元素符号，不标含量。

40Cr：$\omega_C=0.40\%$、$\omega_{Cr}<1.5\%$ 的合金结构钢。

60Si2Mn：$\omega_C=0.60\%$、$\omega_{Si}=2\%$、$\omega_{Mn}<1.5\%$ 的合金结构钢。

09Mn2：$\omega_C=0.09\%$、$\omega_{Mn}=2\%$的合金结构钢。

40MnB：$\omega_C=0.40\%$、$\omega_{Mn}<1.5\%$、$\omega_B<1.5\%$的合金结构钢。

3.合金工具钢

合金工具钢是指具有更高的硬度、耐磨性，更好的淬透性、热硬性和耐回火性，用于制造量具、刃具、耐冲击工具、模具等的钢种。

(1)当$\omega_C<1.0\%$，用一位数字表示含碳量的千分数。

9SiCr：$\omega_C=0.9\%$、$\omega_{Si}<1.5\%$、$\omega_{Cr}<1.5\%$的合金工具钢。

9Mn2V：$\omega_C=0.9\%$、$\omega_{Mn}=2\%$、$\omega_V<1.5\%$的合金工具钢。

(2)当$\omega_C\geqslant1.0\%$，牌号前不用数字表示平均含碳量。

CrWMn：$\omega_C\geqslant1.0\%$、$\omega_{Cr}<1.5\%$、$\omega_W<1.5\%$、$\omega_{Mn}<1.5\%$的合金工具钢。

Cr12MoV：$\omega_C\geqslant1.0\%$、$\omega_{Cr}=12\%$、$\omega_{Mo}<1.5\%$、$\omega_V<1.5\%$的合金工具钢。

高速钢的ω_C在$0.7\%\sim1.5\%$之间，一般高速钢的牌号中不标出碳的质量分数值，如W18Cr4V、W6Mo5Cr4V2等。

4.滚动轴承钢(高碳铬轴承钢)

牌号：G＋Cr＋数字＋其他合金元素

滚动轴承钢的含碳量不标；"G"为"滚"的汉语拼音首字母；铬元素符号Cr后面的数字为含铬量的千分数；其余合金元素含量及其表示方法均与合金结构钢牌号中的规定相同。

GCr15：含铬量为1.5%的滚动轴承钢。

GCr15SiMn：$\omega_{Cr}=1.5\%$、$\omega_{Si}<1.5\%$、$\omega_{Mn}<1.5\%$的滚动轴承钢。

5.特殊性能钢

特殊性能钢具有特殊物理或化学性能，机械制造中主要使用不锈耐酸钢、耐热钢、耐磨钢。不锈耐酸钢包括不锈钢与耐酸钢，其牌号表示方法与合金结构钢基本相同，当$\omega_C\geqslant0.04\%$时，推荐取2位小数；当$\omega_C\leqslant0.03\%$时，推荐取3位小数。

牌号：数字＋合金元素＋数字

前面数字为两位数的为平均含碳量的万分数，前面数字为三位数的为平均含碳量的十万分之几；后面数字为合金元素的百分数。

12Cr13：$\omega_C=0.12\%$、$\omega_{Cr}=13\%$的不锈钢。

12Cr18Ni9：$\omega_C=0.12\%$、$\omega_{Cr}=18\%$、$\omega_{Ni}=9\%$的不锈钢。

022Cr17Ni7N：$\omega_C=0.022\%$、$\omega_{Cr}=17\%$、$\omega_{Ni}=7\%$、$\omega_N<1.5\%$的不锈钢。

三、常用合金钢的特性和应用

1.常用低合金高强度结构钢

常用低合金高强度结构钢的牌号及用途见表 3-4。

表 3-4　常用低合金高强度结构钢

牌号	质量等级	用途举例
Q345	A B C D E	各种大型船舶、铁路车辆、桥梁、管道、锅炉、压力容器、石油储罐、水轮机涡壳、起重及矿山机械、电站设备、厂房钢架等承受动载荷的各种焊接结构件，一般金属构件、零件等
Q390	A B C D E	中、高压锅炉锅筒，中、高压石油化工容器，大型船舶，桥梁，车辆及其他承受较高载荷的大型焊接构件，承受动载荷的焊接结构件，如水轮机涡壳等
Q420	A B C D E	大型焊接结构、大型桥梁、大型船舶、电商设备、车辆，高压容器、液氨罐车等
Q460	C D E	可淬火、回火用于大型挖掘机、起重运输机、钻井平台等

2.常用机械制造用钢

按用途及热处理特点可分为合金渗碳钢、合金调质钢、合金弹簧钢和滚动轴承钢。

(1)合金渗碳钢

合金渗碳钢属于低碳合金结构钢,需经渗碳、淬火低温回火后才能使零件达到"表硬心韧"。

合金渗碳钢的碳含量 ω_C 一般是 $0.1\%\sim0.25\%$,加入的主要合金元素是 Cr、Ni、Mn、B 等,还加入少量的 V、Ti 等元素。常用来制造承受强烈冲击载荷和摩擦、磨损的零件,如汽车、拖拉机中的变速齿轮,内燃机上的凸轮轴、活塞等。20CrMnTi 是应用最广泛的合金渗碳钢。

(2)合金调质钢

合金调质钢是指经调质(淬火＋高温回火)处理后使用的钢。

合金调质钢的 ω_c 一般是 $0.25\%\sim0.50\%$，加入的主要合金元素是 Mn、Cr、Si、Ni、B 等，还加入少量的 Mo、W、V、Ti 等元素。合金调质钢多用来制造大、中截面承受交变载荷的零件。40Cr 钢是合金调质钢中最常用的一种，其强度比 40 钢高 20%，并有良好的韧性。40MnB 具有较高的强度、硬度、耐磨性及良好的韧性，是一种取代 40Cr 钢较成功的新钢种。

（3）合金弹簧钢

合金弹簧钢是指用于制造弹簧或者其他弹性零件的钢种。

合金弹簧钢为中、高碳成分，ω_c 一般是 $0.5\%\sim0.7\%$，以满足高弹性、高强度的性能要求。加入的合金元素主要是 Si、Mn、Cr，作用是强化铁素体，提高淬透性和耐回火性。常用的合金弹簧钢有 60Si2Mn、50CrVA、30W4Cr2VA 等。

（4）滚动轴承钢

滚动轴承钢是指主要用于制造滚动轴承的内、外套圈以及滚动体的特殊质量的合金结构钢。这类钢一般含碳量为 $0.95\%\sim1.15\%$，铬含量在 $0.6\%\sim1.65\%$ 之间，经淬火、低温回火后具有高而均匀的硬度和耐磨性、高抗拉强度和接触疲劳强度、足够的韧性和对大气的耐蚀能力。常用的滚动轴承钢有 GCr9、GCr15、GCr15SiMn 等。

常用机械制造用钢的牌号及用途见表 3-5。

表 3-5　常用机械制造用钢

类别	牌号	用途举例
合金渗碳钢	15Cr	截面不大、心部韧性较高的受磨损零件，如齿轮、活塞、活塞环、小轴、联轴器等
	20Mn2	代替 20Cr（以节约铬元素），制作小齿轮、小轴、活塞销、气门顶杆等
	20Cr2Ni4	大截面重要渗碳件，如大齿轮、轴、飞机发动机齿轮等
合金调质钢	40Cr	重要的齿轮、轴、曲轴、套筒、连杆
	30CrMnSi	用作截面不大而要求力学性能高的重要零件，如齿轮、轴、轴套等
	40CrMnMo	截面较大，要求强度高、韧性好的重要零件，如汽轮机轴、曲轴等
合金弹簧钢	55Si2Mn	有较好的淬透性，较高的弹性极限、屈服强度和疲劳极限，广泛用于汽车、拖拉机、铁道车辆的弹簧、卷止回阀和安全弹簧，并可用于 250℃ 以下使用的耐热弹簧
	60Si2Mn	
	60Si2CrA	用作承受重载荷和重要的大型螺旋弹簧和板簧，如汽轮机汽封弹簧、调节阀和冷凝器弹簧等，并可用于 300℃ 以下的耐热弹簧
滚动轴承钢	GCr15	厚度 30 mm 的中小型套圈，直径小于 50 mm 的钢球，柴油机精密零件
	GCr15SiMn	壁厚大于 30 mm 的大型套圈，直径为 50～100 mm 的钢球
	GSiMnV	可代替 GCr15 钢

3.合金工具钢

常用合金工具钢的牌号及用途见表 3-6。

表 3-6 常用合金工具钢

类别	牌号	用途举例
刃具钢	9SiCr	板牙、丝锥、铰刀、搓丝板、冷冲模等
	CrWMn	各种量规和量块等
	9Mn2V	各种变形小的量规、丝锥、板牙、铰刀、冲模等
模具钢	Cr12	用作耐磨性高、尺寸较大的模具，如冷冲模、拉丝模、冷切剪刀，也可用作量具
	Cr12MoV	用于制作截面较大、形状复杂、工作条件繁重的各种冷作模具，如冲孔模、切边模、拉丝模和量具等
	5CrMnMo	用作边长不大于 400 mm 的中小型热锻模
	5CrNiMo	用作边长大于 400 mm 的大中型热锻模
高速工具钢	W18Cr4V	一般高速切削车刀、刨刀、钻头、铣刀、插齿刀、铰刀等
	W6Mo5Cr4V2	钻头、丝锥、滚刀、拉刀、插齿刀、冷冲模、冷挤压模等
	W6Mo5Cr4V3	拉刀、铣刀、成形刀具等

4.特殊性能钢

常用特殊性能钢的牌号及用途见表 3-7。

表 3-7 常用特殊性能钢

类别	牌号	用途举例
不锈耐酸钢	12Cr18Ni9	生产硝酸、化肥等化工设备的零件,建筑用装饰部件
	14Cr17Ni2	要求有较高强度的耐硝酸、有机酸腐蚀的零件、容器和设备
	10Cr17	重油燃烧部件、化工容器、管道、食品加工设备、家庭用具等
耐热钢	26Cr18Mn12Si2N	有较高的高温强度，一定的抗氧化性，较好的抗碱、抗增碳性，用于吊性支架、渗碳炉构件
	06Cr13Al	因冷却硬化少，用作燃气透平压缩机叶片、退火箱、淬火台架
	42Cr9Si2	用作内燃机进气阀、轻负荷发动机的排气阀
耐磨钢	ZGMn13-1	低冲击耐磨零件，如齿板、铲齿等
	ZGMn13-2	普通耐磨零件，如球磨机
	ZGMn13-3	高冲击耐磨零件，如坦克、拖拉机履带板

同步练习

一、单选题

1.下列钢号中,(　　)是渗碳钢。

　A. 20　　　　　　　B. 40Cr　　　　　C. T10　　　　　　D. Q195

2.下列钢号中,(　　)是不锈钢。

　A. W6Mo5Cr4V2　B. 12Cr13　　　　C. GCr15　　　　　D. 20Cr

3. Q345E 是(　　)。

　A.普通碳素结构钢　　　　　　　B.中碳钢

　C.优质碳素钢　　　　　　　　　D.低合金高强度碳素钢

4. Q460E 牌号中的 460 表示(　　),E 表示质量等级为 E 级。

　A.屈服强度　　　　　　　　　　B.抗拉强度

　C.含碳量　　　　　　　　　　　D.硬度

5. 20CrMnTi 是(　　)。

　A.合金渗碳钢　　　　　　　　　B.合金调质钢

　C.滚动轴承钢　　　　　　　　　D.合金工具钢

6. 40Cr 表示平均含碳量为 0.40%、Cr 含量(　　)1.5%的合金结构钢。

　A.大于　　　　　　　　　　　　B.等于

　C.小于　　　　　　　　　　　　D.以上都不对

7. 40Cr 是(　　)。

　A.合金渗碳钢　　　　　　　　　B.合金调质钢

　C. 滚动轴承钢　　　　　　　　　D.合金工具钢

8. 60Si2Mn 表示 $\omega_C=0.60\%$、ω_{Si}(　　)2%、$\omega_{Mn}<1.5\%$的合金结构钢。

　A.＞　　　　　　B.＝　　　　　　C.＜　　　　　　D.以上都不对

9. CrWMn 表示 ω_C(　　)1.0%、$\omega_{Cr}<1.5\%$、$\omega_W<1.5\%$、$\omega_{Mn}<1.5\%$的合金工具钢。

　A. ≤　　　　　　　　　　　　　B. ＝

　C. ≥　　　　　　　　　　　　　D.以上都不对

10. GCr15 表示 $\omega_{Cr}=$(　　)的合金结构钢。

　A. 0.015%　　　　B. 0.15%　　　　C. 1.5%　　　　　D. 15%

11. 022Cr17Ni7N 钢表示 $\omega_C=$(　　)。

　A. 0.022%　　　　B. 0.22%　　　　C. 2.2%　　　　　D. 22%

12.下列钢号中,(　　)比较适合做高速钢车刀的材料。

　A. T12A　　　　　　　　　　　　B. 20CrMnTi

　C. 40Cr　　　　　　　　　　　　D. W18Cr4V

13.下列钢中,汽车的传动轴齿轮和传动轴宜选用(　　)。

A. 40Cr
B. Q235-A · F
C. GCr15
D. 12Cr13

14.下列材料中,(   )不适用于制作模具、量具及刃具用的合金工具钢。

A. 9SiCr
B. CrWMn
C. 20CrMnTi
D. Cr12

15.将下列合金钢牌号进行归类。耐磨钢(   );合金弹簧钢(   );冷作模具钢(   );不锈钢(   )。

A. 60Si2Mn
B. ZGMn13-2
C. CrWMn
D. 10Cr17

二、判断题

1.合金钢按用途分为合金结构钢、合金工具钢、特殊性能钢。　　　　　　　（　　）

2.合金结构钢按用途可分为低合金高强度结构钢和机械制造用钢。　　　　（　　）

3. Q460E 表示屈服强度为 460 MPa、质量等级为 E 级的低合金高强度结构钢。

（　　）

4.机械制造用钢按用途及热处理特点可分为合金渗碳钢、合金调质钢、合金弹簧钢和滚动轴承钢。　　　　　　　　　　　　　　　　　　　　（　　）

5. 40Cr 钢是合金调质钢中最常用的一种,其强度比 40 钢高 20％,并有良好的韧性。

（　　）

6. 20Cr 表示平均含碳量为 0.20％、Cr 含量小于 1.5％的合金结构钢。　（　　）

7. 9SiCr 钢、CrWMn 钢常用于制作冷剪切刀、丝锥、铰刀、拉刀等。　　（　　）

8.高速钢具有高耐磨性和高热硬性,用于制造低速切削工具,如车刀、铣刀、麻花钻头、齿轮刀具、拉刀等。　　　　　　　　　　　　　　　　　　（　　）

9.合金渗碳钢属于低碳合金结构钢,需经渗碳、淬火低温回火后才能使零件达到"表硬心韧",20CrMnTi 是应用最广泛的合金渗碳钢。　　　　　　　　（　　）

10.常用的滚动轴承钢有 12Cr13、GCr15、GCr15SiMn 等。　　　　　　　（　　）

三、连线题

1.请将合金钢的牌号与其对应的含碳量用线条进行一一对应连接。

合金钢的牌号	含碳量
20CrMnTi	0.12％
40MnB	0.2％
60Si2Mn	0.4％
9SiCr	≥1.0％
12Cr13	0.9％
CrWMn	0.022％
022Cr17Ni7N	0.6％

2.请将以下各合金钢牌号与其所属种类用线条进行一一对应连接。

合金钢的牌号	种类
Q345	不锈钢
20CrMnTi	合金渗碳钢
40MnB	合金调质钢
GCr15	滚动轴承钢
9SiCr	合金工具钢
12Cr13	低合金高强度结构钢

3.3　铸铁

一、铸铁的相关知识

铸铁是碳的质量分数大于 2.11％，并且含有少量的 Si、Mn、S 和 P 的铁碳合金。

铸铁具有优良的铸造、切削和减震、耐磨等性能，成本低廉，且稳定性好，加工容易，尤其抗压强度较高，抗震性好，因此在机械行业中得到了广泛的应用，如机床的各类床身、箱体，日常生活中的炒菜铁锅、取暖炉、污井盖、暖气片、下水管、水龙头壳体等。

二、铸铁的分类

1.铸铁按碳存在的形式分类

(1)白口铸铁：碳以渗碳体(Fe₃C)形态存在，断面呈亮白色。

(2)灰口铸铁：碳以石墨形态存在，断面呈暗灰色。

(3)麻口铸铁：介于白口铸铁和灰口铸铁之间的一种铸铁，碳既以渗碳体形式存在，又以石墨形态存在，断口夹杂着白亮的游离渗碳体和暗灰色的石墨。

2.灰口铸铁以石墨形态不同分类

(1)灰铸铁:石墨形态呈片状。
(2)可锻铸铁:石墨形态呈团絮状。
(3)球墨铸铁:石墨形态呈球状。
(4)蠕墨铸铁:石墨形态呈蠕虫状。

三、铸铁的牌号

1.灰铸铁

牌号:HT+数字
"HT"是"灰铁"两字汉语拼音首字母;"数字"表示最低抗拉强度。
HT200:最低抗拉强度为 200 MPa 的灰铸铁。

2.可锻铸铁

牌号:KTH(或 Z、B)+数字 1-数字 2
"KT"是"可铁"两字汉语拼音的首字母;"H"表示黑心(即铁素体),"Z"表示珠光体,"B"表示白心;数字 1 表示最低抗拉强度值,数字 2 为最小断后伸长率。
KTH330-08:黑心可锻铸铁,其最低抗拉强度为 330 MPa,最小伸长率为 8%。

3.球墨铸铁

牌号:QT+数字 1-数字 2
"QT"是"球铁"两字汉语拼音的首字母;数字 1 表示最低抗拉强度值,数字 2 为最小断后伸长率。
QT400-15:最低抗拉强度是 400 MPa,最低断后伸长率是 15% 的球墨铸铁。

4.蠕墨铸铁

牌号:RuT+数字
"RuT"是"蠕铁"两字汉语拼音字母;数字表示最低抗拉强度。
RuT380:最低抗拉强度是 380 MPa 的蠕墨铸铁。

四、常用铸铁的特性和应用

1.白口铸铁

白口铸铁的性能硬而脆,很难进行切削加工,工业上极少用来制造机械零件,主要用作炼钢原料或用于可锻铸铁的毛坯。

2.灰铸铁

灰铸铁中的片状石墨对基体的割裂严重,在石墨尖角处易造成应力集中,使灰铸铁的抗拉强度、塑性和韧性远低于钢,但由于其抗压强度与钢相当,因此在工业中应用最广。灰铸铁是常用铸铁件中综合力学性能最差的铸铁,但由于其减振性、耐磨性、铸造性及可加工性较好,因此主要用于制造承受压力的床身、箱体、机座、导轨等零件。

常用灰铸铁的牌号、性能及用途见表 3-8。

表 3-8　灰铸铁

铸铁类别	牌号	抗拉强度 R_m/MPa	用途举例
铁素体灰铸铁	HT100	100	受力很小、不重要的铸件,如防护罩、盖、手轮、支架、底板等
铁素体-珠光体灰铸铁	HT150	150	受力中等的铸件,如机座、支架、罩壳、床身、轴承座、阀体、泵体、飞轮等
珠光体灰铸铁	HT200 HT250	200 250	受力较大的铸件,如气缸、齿轮、机床床身、齿轮箱、冷冲模上托、底座等
孕育铸铁	HT300 HT350	300 350	受力大、耐磨和高气密性的重要铸件,如中型机床床身、机架、高压油缸、泵体、曲轴、气缸体等

3.球墨铸铁

球墨铸铁是指铁液经过球化处理而不是在凝固后经过热处理,使石墨大部分或全部呈球状,有时少量石墨呈团絮状的铸铁。球墨铸铁具有良好的力学性能和工艺性能,常被用来代替钢制造某些重要零件,如曲轴、连杆、凸轮轴等,也常被用来代替灰铸铁制造强度要求高的箱体类零件和压力容器。

常用球墨铸铁的牌号、性能和用途见表 3-9。

表 3-9 常用球墨铸铁

牌号	力学性能				用途举例
	$R_m/$ MPa	$R_{p0.2}/$ MPa	A(T)	HBW	
	不小于				
QT400-18	400	250	18	120～175	承受冲击、振动的零件,如汽车、拖拉机的轮毂、驱动桥壳、差速器壳、拨叉,农机具零件,中低压阀门,上、下水及输气管道,压缩机上高低压气缸,电机机壳,齿轮箱,飞轮壳等
QT400-15	400	250	15	120～180	
QT450-10	450	310	10	160～210	
QT500-7	500	320	7	170～230	机器座架、传动轴、飞轮、电动机架,内燃机的机油泵齿轮、铁路机车车辆轴瓦等
QT600-3	600	370	3	190～270	载荷大、受力复杂的零件,如汽车、拖拉机的曲轴、连杆、凸轮轴、气缸套,部分磨床、铣床、车床的主轴,机床的蜗杆、蜗轮、轧钢机轧辊、大齿轮、小型水轮机主轴,气缸体,桥式起重机大小滚轮等
QT700-2	700	420	2	225～305	
QT800-2	800	480	2	245～335	
QT900-2	900	600	2	280～360	高强度齿轮,如汽车后桥弧齿锥齿轮、大减速器齿轮、内燃机曲轴,凸轮轴等

4.可锻铸铁

可锻铸铁俗称玛钢、马铁,是由一定化学成分的白口铸铁经石墨化退火,使渗碳体分解而获得团絮状石墨的铸铁。具有较高的强度,塑性和韧性,常用于制造管件、阀门、电动机壳、万向节、农机具等。

常用可锻铸铁的牌号、性能及用途见表 3-10。

5.蠕墨铸铁

蠕墨铸铁是指金相组织中石墨形态主要为蠕虫状的铸铁。主要用于制造受热、要求组织致密、强度较高、形状复杂的大型铸件,如机床的立柱、柴油机的气缸盖、缸套和排气管等。力学性能:球墨铸铁＞蠕墨铸铁＞可锻铸铁＞灰铸铁。

常用蠕墨铸铁有 RuT260、RuT300、RuT340、RuT380、RuT420 等,它们主要用于制造受热、要求组织致密、强度较高、形状复杂的大型铸件,如机床的立柱、柴油机的气缸盖、缸套和排气管等。

表 3-10　常用可锻铸铁

种类	牌号	试样直径 (d/mm)	力学性能				用途举例
			$R_{\mathrm{m}}/$ MPa	$R_{\mathrm{p0.2}}/$ MPa	A(%)	HBW	
			不小于				
黑心可锻铸铁	KTH300-06	12 或 15	300	—	6	≤150	弯头、三通管件、中低压阀门等
	KTH300-08		330	—	8		扳手、犁刀、梨柱、车轮壳等
	KTH350-10		350	200	10		汽车、拖拉机前后轮壳、减速器壳、万向节壳、制动器及铁道零件等
	KTH370-12		370	—	12		
珠光体可锻铸铁	KTZ450-06	12 或 15	450	270	6	150~200	载荷较高和耐磨损零件,如曲轴、凸轮轴、连杆、齿轮、活塞环、轴套、耙片、万向接头、棘轮、扳手、传动链条
	KTZ550-04		550	340	4	180~230	
	KTZ650-02		650	430	2	210~260	
	KTZ700-02		700	530	2	240~290	

同步练习

一、单选题

1.铸铁是含碳质量分数(含碳量 ω_{C})大于(　　　),并且含有少量的硅、锰、硫和磷的铁碳合金。

　A. 2%　　　　　　　　　　　　B. 2.11%

　C. 21.1%　　　　　　　　　　　D. 0.211%

2. HT200 是(　　)铸铁的牌号,牌号中数字 200 表示其(　　)不低于 200 MPa。

　A.球墨　　　　　　　　　　　B.灰

　C.屈服强度　　　　　　　　　D.抗拉强度

3.灰铸铁、可锻铸铁、球墨铸铁、蠕墨铸铁中,力学性能最好的是(　　　)。

　A.球墨铸铁　　　　　　　　　B.蠕墨铸铁

　C.灰铸铁　　　　　　　　　　D.可锻铸铁

4. QT400-17 表示(　　　)牌号。

　A.球墨铸铁　　　B.蠕墨铸铁　　　C.可锻铸铁　　　D.灰铸铁

5.白口铸铁中的碳几乎全部以(　　　)形式存在。

　A.团絮状　　　B.球状　　　C.Fe_3C　　　D.蠕虫状

6.蠕墨铸铁是指金相组织中石墨形态主要为(　　　)的铸铁。

　A.团絮状　　　　B.球状　　　　C.片状　　　　D.蠕虫状

7. KTH330-08 表示黑心可锻铸铁,其(　　　)为 330 MPa,(　　　)为 8%。

　　A.最低抗拉强度　　　　　　　　　　B.最低断后伸长率

　　C.最大抗拉强度　　　　　　　　　　D.最大断后伸长率

8. QT400-15 表示(　　　)是 400 MPa、(　　　)是 15%的球墨铸铁。

　　A.最低抗拉强度　　　　　　　　　　B.最低断后伸长率

　　C.最大抗拉强度　　　　　　　　　　D.最大断后伸长率

9. KTZ450-06 表示(　　　)可锻铸铁。

　　A.黑心　　　　　　B.白心　　　　　　C.珠光体　　　　　　D.铁素体

10.下列中属于蠕墨铸铁的是(　　　)。

　　A. HT200　　　　　B. KTZ450-06　　　　C. RuT260　　　　　D. QT400-15

11.可锻铸铁俗称玛钢、马铁,是由一定化学成分的白口铸铁经石墨化退火,使渗碳体

　　分解而获得(　　　)石墨的铸铁。

　　A.团絮状　　　　　B.球状　　　　　　C.片状　　　　　　D.蠕虫状

12.球墨铸铁是指铁液经过球化处理而不是在凝固后经过热处理,使石墨大部分或全

　　部呈(　　　),有时少量石墨呈团絮状的铸铁。

　　A.团絮状　　　　　B.球状　　　　　　C.片状　　　　　　D.蠕虫状

13.(　　　)具有良好的力学性能和工艺性能。常用来代替钢制造某些重要零件,如曲

　　轴、连杆、凸轮轴等。

　　A.球墨铸铁　　　　　　　　　　　　B.蠕墨铸铁

　　C.灰铸铁　　　　　　　　　　　　　D.可锻铸铁

14.下列铸铁中,车床床身选用(　　　)制造。

　　A.灰铸铁　　　　　　　　　　　　　B.球墨铸铁

　　C.蠕墨铸铁　　　　　　　　　　　　D.可锻铸铁

15.下列铸铁中,应用最广的是(　　　)。

　　A.球墨铸铁　　　　　　　　　　　　B.蠕墨铸铁

　　C.灰铸铁　　　　　　　　　　　　　D.可锻铸铁

二、判断题

1.常用铸铁中,球墨铸铁的力学性能最好,它可以代替钢制作形状复杂、性能要求较

　　高的零件。　　　　　　　　　　　　　　　　　　　　　　　　　　　　(　　　)

2. HT300 表示 $\sigma_s \geqslant 300$ MPa 的灰铸铁。　　　　　　　　　　　　　　(　　　)

3.灰铸铁的石墨形态呈团絮状。　　　　　　　　　　　　　　　　　　　　(　　　)

4.根据石墨形态不同,灰口铸铁可分为灰铸铁、球墨铸铁、可锻铸铁和蠕墨铸铁。

　　　　　　　　　　　　　　　　　　　　　　　　　　　　　　　　　　　(　　　)

5.虽然灰铸铁的抗拉强度不高,但抗压强度与钢相当。　　　　　　　　　　(　　　)

6.铸铁按碳存在的形式分类,铸铁可分为灰口铸铁、白口铸铁和麻口铸铁三大类。

　　　　　　　　　　　　　　　　　　　　　　　　　　　　　　　　　　　(　　　)

7.力学性能:球墨铸铁＞蠕墨铸铁＞可锻铸铁＞灰铸铁。　　　　　　　（　　）

8.可锻铸铁主要用于制造受热、要求组织致密、强度较高、形状复杂的大型铸件,如机
　床的立柱,柴油机的气缸盖、缸套和排气管等。　　　　　　　　　　　（　　）

9.蠕墨铸铁主要用于制造承受压力的床身、箱体、机座、导轨等零件。　　（　　）

10.与钢相比,铸铁的优点是铸造性能好,耐磨性、减磨性好,减振性好,切削加工性
　好,缺口敏感性低。　　　　　　　　　　　　　　　　　　　　　　　（　　）

三、连线题

1.请将铸铁名称与其对应的石墨形态用线条进行一一对应连接。

铸铁名称	石墨形态
灰铸铁	团絮状
可锻铸铁	片状
球墨铸铁	蠕虫状
蠕墨铸铁	球状

2.请将以下各铸铁牌号与其所属种类用线条进行一一对应连接。

铸铁的牌号	种类
HT200	可锻铸铁
QT400-15	灰铸铁
KTB380-04	蠕墨铸铁
RuT300	球墨铸铁

3.4　钢的热处理

学习要点

一、钢的热处理相关知识

　　热处理是指采用适当的方式对金属材料或工件进行加热、保温和冷却以获得预期的组织结构与性能的工艺。

　　钢的热处理的目的是改变金属材料的内部金相组织,获得所需要的性能。

热处理的工艺过程通常由加热、保温、冷却三个阶段组成。

二、钢的热处理的分类

热处理按其工序位置和目的不同,可分为预备热处理和最终热处理。

根据加热和冷却方法不同,可分为普通热处理(即退火、正火、淬火、回火)、表面热处理(即表面淬火)和化学热处理。

1.退火

退火是指将工件加热到适当温度,保温一定时间,然后缓慢冷却(通常炉冷)的热处理工艺。

退火的目的:(1)消除钢中的残余内应力;(2)降低钢的硬度,提高其塑性;(3)改善组织,细化晶粒,为最终热处理做好组织准备。

退火的应用:退火广泛应用于机械零件的加工过程中,通常安排在铸造、锻造、焊接等工序之后,粗切削加工之前,主要用来消除前一工序中所产生的某些组织缺陷或残余内应力,为后续工序做好组织准备。

根据工件要求退火的目的不同,退火的工艺规范有多种,常用的有完全退火、球化退火和去应力退火等。

2.正火

正火是将工件加热到适当温度,保温一定时间,然后在空气中冷却的热处理工艺。

正火的目的:细化晶粒,消除内应力,对于低碳钢,可提高硬度,对于高碳钢,可消除网状碳化物,为后续加工做组织准备。

正火的应用:(1)普通结构件以正火作为最终热处理,提高其力学性能;(2)用于低碳钢正火可以改善其切削加工性能;(3)用于中碳钢,可代替调质处理(淬火+高温回火)作为最后热处理;(4)用于工具钢、轴承钢、渗碳钢等,可以消降或抑制网状碳化物的形成,从而得到球化退火所需的良好组织;(5)过共析钢正火可消除网状二次渗碳体,为球化退火和淬火工艺做好组织准备。

正火与退火从所得到的组织上没有本质区别,其目的均可细化晶粒、改善组织和改善切削加工性能,但正火的生产效率高、成本低。因此,一般普通结构件应尽量采用正火代替退火。

3.淬火

淬火是指将工件加热到适当温度,保温一定时间,然后在淬火冷却介质中快速冷却的热处理工艺。淬火冷却时所用的物质称为淬火介质。常用的淬火冷却介质有:水、油等;非合金钢常用水冷却,合金钢常用油冷却。

淬火的目的:提高钢的强度、硬度和耐磨性,并与回火工艺合理配合,获得需要的使用性能。

淬火的应用:淬火广泛用于各种工、模、量具及要求表面耐磨的零件(如齿轮、轧辊、渗碳零件等)。

4.回火

回火是指淬火工件加热到 727℃ 以下的某一温度,保温一定时间,然后空气冷却到室温的热处理工艺。

回火的目的:消除或减小钢的内应力,稳定组织,降低脆性,提高韧性,改善淬火钢的力学性能。

根据淬火钢件在回火时的加热温度进行分类,回火可分为低温回火、中温回火和高温回火三种。回火的应用见表 3-11。

表 3-11　回火的应用场合

回火方法	加热温度	获得组织	目的及性质	应用
低温回火	150℃～250℃	回火后组织为回火马氏体	其目的是减小淬火应力和脆性,保持淬火后的高硬度(58～64HRC)和耐磨性	主要用于处理量具、刃具、模具、滚动轴承以及渗碳、表面淬火的零件
中温回火	350℃～500℃	回火后组织为回火托氏体	其目的是获得高的弹性极限、屈服点和较好的韧性。硬度一般为 35～50HRC	主要用于处理各种弹簧、锻模等
高温回火	500℃～650℃	高温回火的复合热处理工艺称为调质,调质后的组织为回火索氏体	其目的是获得强度、塑性、韧性都较好的综合力学性能,硬度一般为 200～350HBS	广泛用于各种重要结构件(如轴、齿轮、连杆、螺栓等),也可作为某些精密零件的预备热处理

5.表面热处理

表面热处理是为改变工件表面的组织和性能,仅对其表面进行热处理的工艺。通常可分为表面淬火和化学热处理两类。

(1)表面淬火

表面淬火是指仅对工件表面层进行的淬火。其目的是使工件表面具有高硬度、耐磨性而心部具有足够的强度和韧性。其方法是通过快速加热使工件表层迅速达到淬火温度,而心部还未达到临界淬火温度时立即快速冷却,使其表层得到淬火组织而心部组织不变,以满足"表硬心韧"的性能要求。目前生产中常用的表面淬火方法有火焰淬火和感应加热淬火。

(2)化学热处理

化学热处理是指将工件置于适当的活性介质中加热、保温、冷却,使一种或几种元素渗入钢件表层,以改变钢件表面层的化学成分、组织和性能的热处理工艺。

化学热处理与表面淬火相比,其特点不仅改变表层的组织,而且还改变表层的化学成分。化学热处理分为分解、吸收和扩散三个基本过程。

根据渗入元素的不同,化学热处理分为渗碳、渗氮、碳氮共渗等。

同步练习

一、单选题

1.( )是指将工件加热到适当温度,保温一定时间,然后在淬火冷却介质中快速冷却的热处理工艺。

    A.淬火   B.正火

    C.退火   D.化学热处理

2.钢的回火处理在( )后进行。

    A.淬火   B.正火   C.退火   D.表面淬火

3.( )是指淬火工件加热到727℃以下的某一温度,保温一定时间,然后空气冷却到室温的热处理工艺。

    A.淬火   B.正火   C.退火   D.回火

4.化学热处理与其他热处理方法的基本区别是( )。

    A.加热温度   B.冷却速度

    C.改变表面化学成分   D.保温时间

5.( )是指将钢加热到适当温度,保持一定时间,然后在炉中缓慢地冷却的热处理工艺。

    A.退火   B.正火   C.淬火   D.回火

6.( )的目的是使工件表面具有高硬度、耐磨性而心部具有足够的强度和韧性。

    A.表面淬火   B.正火   C.退火   D.回火

7.下列热处理方法中,属于表面淬火的有( )。

    A.局部淬火   B.工频感应淬火   C.渗氮   D.渗铝

8.将钢加热到某一温度,保持一定时间,然后放在空气中冷却的方式为( )。

    A.退火   B.正火   C.淬火   D.回火

9.( )的目的是消除或减小钢的内应力,稳定组织,降低脆性,提高韧性,改善淬火钢的力学性能。

    A.淬火   B.正火   C.退火   D.回火

10.下列不属于化学热处理的是(　　)。

　A.渗碳　　　　　　　　　　　B.碳氮共渗

　C.渗氮　　　　　　　　　　　D.淬火

11.下列回火方法中,(　　)广泛用于重要的结构零件如轴、齿轮、连杆。

　A.低温回火　　　　　　　　　B.中温回火

　C.高温回火　　　　　　　　　D.以上都对

12.(　　)广泛应用于机械零件的加工过程中,通常安排在铸造、锻造等工序之后,粗切削加工之前,消除内应力,为后续工序做好组织准备。

　A.退火　　　　　　　　　　　B.淬火

　C.回火　　　　　　　　　　　D.化学热处理

13.T12 钢制造的工具其最终热处理应选用(　　)。

　A.淬火＋低温回火　　　　　　B.淬火＋中温回火

　C.调质　　　　　　　　　　　D.球化退火

14.弹簧淬火后应选用(　　)。

　A.低温回火　　　　　　　　　B.中温回火

　C.高温回火　　　　　　　　　D.都可以

15.调质处理就是(　　)的热处理。

　A.淬火＋低温回火　　　　　　B.淬火＋中温回火

　C.淬火＋高温回火　　　　　　D.淬火＋正火

二、判断题

1.按回火温度范围不同,钢的回火可分为低温回火、中温回火和高温回火。　(　　)

2.热处理的工艺过程通常由加热、保温、冷却三个阶段组成。　(　　)

3.整体热处理按目的与作用不同,分为退火、正火、淬火和回火。　(　　)

4.钢件通过加热的处理简称热处理。　(　　)

5.表面热处理主要包括感应淬火和火焰淬火等。　(　　)

6.热处理按其工序位置和目的不同,又可分为预备热处理和最终热处理。　(　　)

7.退火可提高钢的硬度。　(　　)

8.表面淬火后,钢的表面成分和组织都得到改善。　(　　)

9.钢热处理时,工件淬火并中温回火的复合热处理工艺称为调质。　(　　)

10.正火与退火相比,生产效率高,成本低。　(　　)

三、连线题

1.请将热处理种类与其对应的冷却方式用线条进行一一对应连接。

热处理种类	冷却方式
退火	空气冷却到室温
正火	缓慢冷却(炉冷)
淬火	空气冷却到室温(加热温度低于727℃)
回火	快速冷却

2.请将以下各回火种类与其应用用线条进行一一对应连接。

回火种类	应用
低温回火	各种重要的结构件(轴、齿轮和连杆等)
中温回火	用于处理各种弹簧、锻模等
高温回火	处理量、刃、模具、滚动轴承和渗碳钢等零件

第 4 章 连 接

大纲要求

序号	考核要点	分值比例(约占)
1	了解键连接的类型和应用	
2	理解平键连接的结构与标准	
3	了解销连接的类型、特点和应用	
4	了解花键连接的类型	20%
5	理解常用螺纹的类型、特点和应用	
6	掌握螺纹连接的主要类型、应用、结构和防松方法	

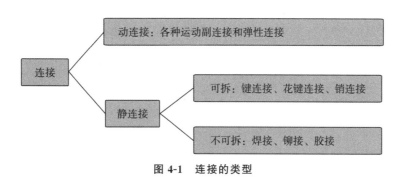

图 4-1　连接的类型

4.1 键连接

一、键连接的作用

键连接是指键的一部分嵌入轴内,另一部分则嵌于轮毂的凹槽中的连接方式。键连接的用途是实现轴与轴上零件之间的周向固定,以传递动力和转矩;有的键连接会使轴上零件沿轴向移动时起导向作用。

二、键连接的分类

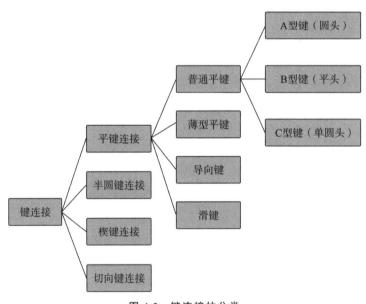

图 4-2　键连接的分类

表 4-1 常见的几种键连接类型

键连接类型		结构形式	特点	应用场合
松键连接	平键连接	平键的下面与轴上键槽贴紧,上面与轮毂键槽顶面留有间隙,两侧面为工作面	结构简单、加工容易、装拆方便、对中性良好,但不能承受轴向力,对轴上零件不能起到轴向固定的作用	用于传动精度要求较高、没有轴向固定要求的场合
	半圆键连接	半圆键外形呈半圆形,轴上键槽为半圆形,而轮毂上的键槽为直槽,两侧面为工作面	有较好的对中性,半圆键可在轴上的键槽中绕槽底圆弧摆动,但由于轴上必须铣削较深的轴槽,会影响轴的强度与刚度	适用于锥形轴与轮毂的连接或传递扭矩较小的场合
紧键连接	楔键连接	包括普通楔键和钩头楔键。钩头主要是为了便于拆卸。楔键的上、下面为工作面,键的上表面和轮毂键槽的底面均有 1:100 的斜度	容易造成轴和轴上零件的中心线不重合,即产生偏心;另外,当受到冲击、变载荷的作用时,楔键连接容易发生松动	只适用于对中性要求不高、转速较低的场合,如农业机械、建筑机械中的带传动等
	切向键连接	是由两个形状相同的楔键相对组合而成,其斜度为 1:100。切向键的上、下面为工作面	其中一个工作面在通过轴心线的平面内,键的对角线必须在轴的切线方向上,以承受剪切力	主要用于轴径大于 100 mm、对中性要求不高且载荷很大的重型机械中

三、平键的分类

平键是标准件,根据用途可分为以下四类:

1.普通平键

主要尺寸为:键宽 b、键高 h、键长 L。端部有圆头(A 型)、平头(B 型)和单圆头(C 型)三种形式,如图 4-3 所示。

A 型用于端铣刀加工的轴槽,键在槽中固定良好,但轴上槽引起的应力集中较大;B 型用于盘铣刀加工的轴槽,轴的应力集中较小;C 型用于轴端。

标记示例:

(1)圆头普通平键(A 型),$b=16$ mm,$h=10$ mm,$L=100$ mm

标记为:键 16×100 GB/T 1096(A 可省略不标)

(2)平头普通平键(B 型),$b=16$ mm,$h=10$ mm,$L=100$ mm

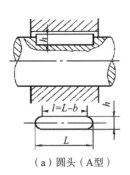 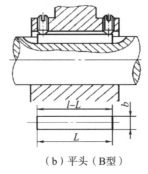 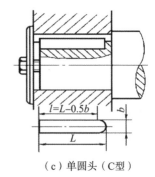

（a）圆头（A型）　　　　　（b）平头（B型）　　　　　（c）单圆头（C型）

图 4-3　普通平键的类型

标记为：键　B16×100　GB/T1096

（3）单圆头普通平键（C 型），$b=16$ mm，$h=10$ mm，$L=100$ mm

标记为：键　C16×100　GB/T1096

2.薄型平键

与普通平键相比，薄型平键在键宽 b 相同时，薄型平键的键高 h 较小。因此，薄型平键主要用于薄壁结构和特殊场合。

3.导向平键

导向平键较普通平键长，用两个螺钉固定在轴上键槽，中部设有起键螺孔，以便拆卸，轴上零件可沿轴向移动。用于轴上零件轴向移动量不大的场合。

4.滑键

滑键固定在轮毂上，可随轮毂一同沿着轴上键槽做轴向滑移。用于轴向移动距离较大的场合。

四、平键的选用原则

（1）根据键连接的工作要求和使用条件，选择键连接的类型。

（2）按照轴的公称直径 d，从国家标准中选择平键的截面尺寸 $b×h$。

（3）根据轮毂长度 L_1 选择键长 L，一般取 $L=L_1-(5\sim10)$mm，但必须符合键长 L 的长度系列。

同步练习

一、单选题

1.普通平键的宽度应根据（　　）选取。

A.传递的功能　　　　B.转动心轴　　　　C.轴的直径　　　　D.轴的转速

2.轴与盘状零件(如齿轮、带轮等)的轮毂之间用键连接,其主要用途是(　　)。

　　A.实现轴向固定并传递轴向力　　　　B.具有确定的相对运动

　　C.实现周向固定并传递转矩　　　　D.实现轴向的相对滑动

3.楔键连接的主要缺点是(　　)。

　　A.楔的斜面加工困难　　　　　　　B.键安装时容易破坏

　　C.键装入键槽后,在轮毂中产生初应力　D.轴和轴上零件对中性差

4.下列(　　)属于松键联接。

　　A.楔键联接和半圆键联接　　　　　B.平键联接和半圆键联接

　　C.半圆键联接和切向键联接　　　　D.楔键联接和切向键联接

5.普通平键有圆头(A 型)、平头(B 型)和单圆头(C 型)三种型式,当轴的强度足够,
　键槽位于轴的中间部位时,应选择(　　)为宜。

　　A. A 型　　　　　B. B 型　　　　　C. C 型　　　　　D. B 型或 C 型

6.对轴削弱最大的键是(　　)。

　　A.平键　　　　　B.半圆键　　　　　C.楔键　　　　　D.花键

7.下图所示键联接是(　　)。

　　A.楔键联接　　　　　　　　　　B.切向键联接

　　C.平键联接　　　　　　　　　　D.半圆键联接

8.半圆键连接的主要优点是(　　)。

　　A.对轴的削弱不大

　　B.键槽应力集中小

　　C.能传递较大转矩

　　D.适用于锥形轴头与轮毂的连接

9.键的剖面尺寸通常根据(　　)来选择。

　　A.传递转矩的大小　　　　　　　B.传递功率的大小

　　C.轮毂的长度　　　　　　　　　D.轴的直径

10.常用(　　)材料制造键。

　　A. Q235　　　　　B. 45 钢　　　　　C. T8A　　　　　D. HT200

11.圆头平键和平头平键相比较,对轴的应力集中影响(　　)较大。

　　A.圆头平键　　　　　　　　　B.平头平键

　　C.这两种键的影响相同　　　　　D.视具体情况而定

12.楔键的上表面与(　　)均有1∶100的斜度。

　　A.轴上键槽底面　　　　　　　B.轮毂上键槽底面

　　C.轴上键槽两侧面　　　　　　D.轮毂上键槽两侧面

13.普通平键根据(　　)不同,可分为 A 型、B 型和 C 型三种。

　　A.尺寸大小　　　　B.端部形状　　　　C.截面形状　　　　D.材质

14.在工作图样上表达普通平键联接时,试指出下图中( )绘图是正确的。

A   B   C   D

15.平键标记:键 B12×30 GB/1096 中,12×30 表示( )。

　　A.键宽×键高　　　　B.键高×键长　　　C.键宽×键长　　　D.键宽×轴径

16.键的长度主要是依据( )来选择的。

　　A.传递转矩的大小　　　　　　　　B.轮毂的长度

　　C.轴的直径　　　　　　　　　　　D.键的剖面尺寸

17.可以承受不大的单方向的轴向力,上、下两面是工作面的连接是( )。

　　A.普通平键连接　　　　　　　　　B.楔键连接

　　C.半圆键连接　　　　　　　　　　D.花键连接

18.某齿轮通过 B 型平键与轴联接,并作单向运转来传递转矩,则此平键的工作面
　　是( )。

　　A.两侧面　　　　　B.一侧面　　　　　C.两端面　　　　　D.上、下两面

二、判断题

1.楔键连接不可用于高速转动零件的连接。　　　　　　　　　　　　　　( )

2.当采用平头普通平键时,轴上的键槽是用端铣刀加工出来的。　　　　　( )

3.由于楔键在装配时被打入轴与轮毂之间的键槽内,所以造成轮毂与轴的偏心与偏
　　斜。　　　　　　　　　　　　　　　　　　　　　　　　　　　　　　( )

4.半圆键可在键槽内摆动,以适应轮毂和轴之间的变化,故一般情况下应优先选用半
　　圆键。　　　　　　　　　　　　　　　　　　　　　　　　　　　　　( )

5.平键连接结构简单、装拆方便、对中性好,但不能承受轴向力。　　　　( )

6.键是标准零件。　　　　　　　　　　　　　　　　　　　　　　　　　( )

7.普通平键连接工作时,键的主要失效形式为键的剪切破坏。　　　　　　( )

8.半圆键对轴强度的削弱大于平键对轴强度的削弱。　　　　　　　　　　( )

9.楔键连接能使轴上零件轴向固定,且能使零件承受双向的轴向力,但定心精度不
　　高。　　　　　　　　　　　　　　　　　　　　　　　　　　　　　　( )

10.平键、半圆键均以键的两侧面实现周向固定和传递转矩。　　　　　　( )

三、连线题

请将平键类型与其对应的适应场合用线条进行一一对应连接。

平键类型	适应场合
薄型平键	轴上零件与轴构成移动副,但移动距离不长
导向平键	轴上零件与轴构成移动副,且移动距离较长
滑键	薄壁结构和特殊场合

4.2 花键连接和销连接

学习要点

一、花键连接

花键连接由轴上加工出的外花键和轮毂孔上加工出的内花键组成,如图 4-4 所示。

（a）外花键　　　　　　　　　　（b）内花键

图 4-4　外花键和内花键

花键连接工作时靠键齿的侧面互相挤压传递转矩。

花键连接的优点:键齿数多,承载能力强;应力集中小,对轴和毂的强度削弱也小;对中性好;导向性好。

花键连接的缺点:成本较高。广泛用于汽车或其他需要传递很大扭矩和定心精度要求较高的场合。

花键连接已标准化,按齿形不同,分为矩形花键和渐开线花键。

1.矩形花键

矩形花键的齿廓为直线,规格为:键数 N ×小径 d ×大径 D ×键宽 B 。

国家标准规定,矩形花键连接采用小径定心,采用热处理后磨内花键孔的工艺提高定心精度。

2.渐开线花键

渐开线花键的齿廓为渐开线,工作时齿面上有径向力,起自动定心作用,各齿均匀承载,强度高。渐开线花键可以用齿轮加工设备制造,加工精度高,常用于传递载荷较大、轴径较大、大批量的场合。

二、销连接

销连接主要作用是为机械零件定位、连接、过载保护及防止机械零件脱落。

1.按用途分类

(1)定位销:用于固定零件之间的相对位置。一般只受很小的载荷,其直径按结构确定,数目不少于 2 个。

(2)连接销:用于轴毂间或其他零件间的连接。能传递较小的载荷,其直径按结构及经验确定,必要时校核其挤压和剪切强度。

(3)安全销:用于充当过载剪断元件。其直径按销的剪切强度计算,当过载 20% ～ 30% 时即应被剪断。

2.按形状分类

(1)圆柱销:靠过盈与销孔配合,为保证定位精度和连接的紧固性,不宜经常装拆,主要用于定位,也用作连接销和安全销。

(2)圆锥销:具有 1:50 的锥度,小端直径为标准值,自销性能好,定位精度高,主要用于定位,也可作为连接销。

(3)开口销:工作可靠,拆卸方便,常与槽形螺母合用,锁定螺纹连接件,但自身不能承受载荷,主要用作安全连接销。

圆柱销　　　　圆锥销　　　　开口销

图 4-5　不同形状的销

![同步练习]

一、单选题

1.花键连接主要用于(　　)场合。

　A.定心精度要求高和载荷较大　　　　B.定心精度要求一般,载荷较大

　C.定心精度要求低和载荷较小　　　　D.定心精度要求低和载荷较大

2.国家标准规定矩形花键连接采用小径定心,其主要目的是(　　)。

　A.装拆较方便　　　　　　　　　　B.承载能力较大

　C.对轴的消弱较小　　　　　　　　D.提高定心精度

3.渐开线花键常用于(　　)的场合。

　A.传递载荷较大、轴径较小、小批量

　B.传递载荷较小、轴径较大、小批量

　C.传递载荷较小、轴径较小、小批量

　D.传递载荷较大、轴径较大、大批量

4.为了保证被连接件经多次装拆而不影响定位精度,可以选用(　　)。

　A.圆柱销　　　　B.圆锥销　　　　C.开口销　　　　D.异形销

5.常用(　　)材料制造圆锥销。

　A. Q235　　　　B. 45 钢　　　　C. HT200　　　　D. T8A

6.圆锥销用来固定两零件的相互位置具有如下优点:(1)能传递较大的载荷;(2)便于安装;(3)联接牢固;(4)多次装拆对联接质量影响甚小。试指出(　　)是正确的。

　A. 1 条[(1)]　　　　　　　　　　B. 2 条[(1)、(2)]

　C. 3 条[(2)、(3)、(4)]　　　　　　D. 4 条[(1)、(2)、(3)、(4)]

7.安全销的直径按销的剪切强度计算,当过载(　　)时即应被剪断。

　A. 10%～20%　　B. 20%～30%　　C. 30%～40%　　D. 40%～50%

8.定位销一般只受很小的载荷,其直径按结构确定,数目不少于(　　)个。

　A. 2　　　　　　B. 3　　　　　　C. 4　　　　　　D. 5

二、判断题

1.花键主要用于定心精度要求高、载荷大或有经常滑移的连接。　　　　(　　)

2.花键连接的优点是成本较低。　　　　　　　　　　　　　　　　　(　　)

3.花键连接是由带多个纵向凸齿的轴和带有相应齿槽的轮毂孔组成的。　(　　)

4.连接销由于销的尺寸较小,不能传递载荷。　　　　　　　　　　　(　　)

5.圆柱销和圆锥销都是靠过渡配合固定在销孔中的。　　　　　　　　(　　)

6.圆锥销有 1∶50 的锥度,所以易于安装,有可靠的自锁性能,且定位精度高。

　　　　　　　　　　　　　　　　　　　　　　　　　　　　　　(　　)

7.圆锥销以大端为标准值。(　　)

三、连线题

请将销形状类别与其对应的功能用线条进行一一对应连接。

类别	功能
安全销	固定零件之间的相对位置
定位销	连接轴毂间或其他零件
连接销	过载剪断元件

4.3 螺纹连接(1)

一、螺纹的种类

1.按螺纹的加工位置分类

(1)外螺纹:在圆柱或圆锥外表面上所形成的螺纹,如螺栓。

(2)内螺纹:在圆柱或圆锥内表面上所形成的螺纹,如螺母。

内、外螺纹组成螺旋副使用。

2.按螺纹的旋向分类

(1)左旋螺纹:将螺纹轴线竖直放置,螺纹牙向左上升。只用在较特殊的场合。

(2)右旋螺纹:将螺纹轴线竖直放置,螺纹牙向右上升。一般用的都是右旋螺纹。

3.按螺纹的线数分类

(1)单线螺纹:由一条螺旋线所形成的螺纹。其自锁性好,常用于连接。

(2)多线螺纹:由两条或两条以上螺旋线所形成的螺纹。其效率较高,常用于传动。

4.按螺纹牙型分类

表 4-2 螺纹牙型分类

螺纹类型		牙型及牙型角 α	特点及应用
连接螺纹	普通螺纹	等边三角形,α＝60°	按螺距大小分为粗牙螺纹和细牙螺纹。粗牙螺纹用于一般连接;细牙螺纹自锁性好,用于薄壁零件及受冲击、振动等场合
	管螺纹	等腰三角形,α＝55°	分为非螺纹密封管螺纹和用螺纹密封管螺纹两大类。多用于有紧密性要求的管路连接
	米制锥螺纹	三角形,α＝60°	螺纹分布在锥度为 1：16 的圆锥管壁上,用于气体或液体管路系统依靠螺纹密封的连接螺纹(水和煤气管道用管螺纹除外)
传动螺纹	矩形螺纹	正方形,α＝0°	其传动效率高,但牙根强度弱,螺纹磨损后不能调整间隙,因此逐渐被梯形螺纹所代替
	梯形螺纹	等腰三角形,α＝30°	其传动效率略低于矩形螺纹,但牙根强度高,工艺性和对中性好,可补偿磨损后的间隙,是最常用的传动螺纹
	锯齿形螺纹	不等腰三角形,α＝33°	兼有矩形螺纹传动效率高和梯形螺纹牙根强度高的特点,用于单向受力的传动中

二、螺纹的主要参数

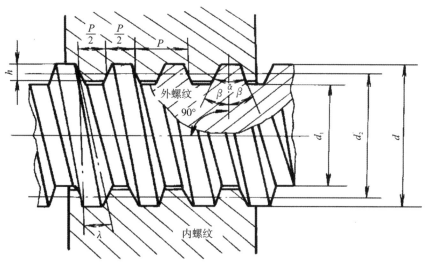

图 4-6 螺纹的主要参数

螺纹的主要参数有大径、小径、中径、螺距、导程、线数、牙型角、螺纹升角等。

表 4-3 螺纹的主要参数

主要参数	代号	说明	关系
大径	D 或 d	指与外螺纹牙顶或内螺纹牙底相切的假想圆柱的直径,代表螺纹的公称直径	
小径	D_1 或 d_1	指与外螺纹牙底或内螺纹牙顶相切的假想圆柱的直径,常用于强度计算	
中径	D_2 或 d_2	指螺纹牙型上牙厚与牙槽宽相等处的假想圆柱的直径,作为确定螺纹几何参数和配合性质的直径	
线数	n	指螺纹头数	
螺距	P	指相邻两牙在中径线上对应两点间的轴向距离	
导程	Ph	指同一条螺旋线上的相邻两牙在中径上对应两点间的轴向距离	$Ph = nP$
牙型角	α	指在螺纹牙型上,相邻两牙侧间的夹角	
螺纹升角	λ	又称导程角,是指在螺纹中径圆柱上,螺旋线的切线与垂直于螺纹轴线的平面的夹角	$\tan\lambda = \dfrac{nP}{\pi d_2} = \dfrac{Ph}{\pi d_2}$

三、普通螺纹的标注

普通螺纹的完整标注由螺纹代号、螺纹公差带代号和螺纹旋合长度代号组成。

1.螺纹代号

粗牙普通螺纹用字母 M 及公称直径表示,细牙普通螺纹用字母 M 及公称直径乘以螺距表示。多线普通螺纹用字母 M 及公称直径乘以导程(P+"螺距")表示。当螺纹为左旋时,螺纹代号之后加"LH"。例如:

M24　　　　　　 表示公称直径为 24 mm 的粗牙普通螺纹。

M24×1.5　　　　表示公称直径为 24 mm、螺距为 1.5 mm、旋向为右旋的细牙普通螺纹。

M24×1.5LH　　 表示公称直径为 24 mm、螺距为 1.5 mm、旋向为左旋的细牙普通螺纹。

M24×3(P1.5)　 表示公称直径为 24 mm、螺距为 1.5 mm、导程为 3 mm、双线、旋向为右旋的细牙普通螺纹。

2.螺纹公差带代号(略)

3.螺纹旋合长度代号

螺纹旋合长度分为三组,分别称为短旋合长度、中等旋合长度和长旋合长度,相应的代号分别为 S、N、L。一般情况下,不标注螺纹旋合长度,使用时按中等旋合长度。

同步练习

一、单选题

1.(　　)是指一个假象圆柱的直径,该圆柱的母线通过牙型上沟槽和凸起宽度相等的地方。

　　A.螺纹小径　　　　　　B.螺纹中径　　　　　　C.螺纹大径　　　　　　D.螺纹公称直径

2.(　　)的牙根较厚,牙根强度较高,自锁性能好。

　　A.滚珠形螺纹　　　　　　　　　　B.普通螺纹

　　C.粗牙普通螺纹　　　　　　　　　D.细牙普通螺纹

3.机械上采用的螺纹当中,自锁性最好的是(　　)。

　　A.锯齿型螺纹　　　　　　　　　　B.梯形螺纹

　　C.普通细牙螺纹　　　　　　　　　D.矩形螺纹

4.具有相同的公称直径和螺距,采用相同材料配对的矩形、梯形、锯齿形螺旋副,(　　)的传动效率最高。

　　A.矩形螺旋副　　　　　　　　　　B.锯齿形螺旋副

　　C.梯形螺旋副　　　　　　　　　　D.三种相同

5.锯齿形螺纹的工作面牙侧角 $\beta_1 = 3°$,非工作面 $\beta_2 = 30°$,在螺纹升角相同的条件下,它的传动效率(　　)。

　　A.低于矩形螺纹,而与梯形螺纹相同　　B.高于普通螺纹,而低于梯形螺纹

　　C.低于矩形螺纹,比梯形螺纹高　　　　D.低于矩形螺纹,而和普通螺纹相同

6.管螺纹的牙型角为(　　)。

　　A. 60°　　　　　　B. 55°　　　　　　C. 45°　　　　　　D. 30°

7.如果用车刀沿螺旋线车出梯形沟槽,就会形成(　　)螺纹。

　　A.三角形　　　　　　B.梯形　　　　　　C.矩形　　　　　　D.滚珠型

8.螺纹连接件常用材料的牌号有(　　)。

　　A. Q215　　　　　　B. 45 钢　　　　　　C. 15Cr　　　　　　D. W18Cr4V

9.下列(　　)是普通细牙螺纹的标记。

　　A. M30-5H　　　　B. M30×1.5-7h6h　　C. Z3/8″左　　　　D. G3/4-LH

10.梯形螺纹与锯齿形、矩形螺纹相比较,具有(　　)优点。

　　A.传动效率高　　　　　　　　　　B.获得自锁性大

　　C.螺纹已标准化　　　　　　　　　D.工艺性和对中性好

11.(　　)螺纹无国家标准,故应用较少。

　　A.三角形　　　　　　B.矩形　　　　　　C.锯齿形　　　　　　D.梯形

12.密封要求高的管件联接,应选用(　　)。

　　A.圆锥管螺纹　　　　　　　　　　B.普通粗牙螺纹

　　C.普通细牙螺纹　　　　　　　　　D.圆柱管螺纹

13.梯形螺纹的工作面牙侧角 β＝(   )。

 A. 90°   B. 3°   C. 30°   D. 15°

14.螺纹按用途不同,可分为(   )。

 A.外螺纹和内螺纹   B.左旋螺纹和右旋螺纹

 C.粗牙螺纹和细牙螺纹   D.联接螺纹和传动螺纹

15.常见的连接螺纹是(   )。

 A.单线左旋   B.单线右旋   C.双线左旋   D.双线右旋

16.螺纹的常用牙型有:(1)三角形、(2)矩形、(3)梯形、(4)锯齿形,其中有(   )用于联接。

 A.1 种   B. 2 种   C. 3 种   D. 4 种

二、判断题

1.普通螺纹的公称直径指的是螺纹中径。   (   )

2.将某螺纹竖直放置,左侧牙低的为左旋螺纹。   (   )

3.单线螺纹只标螺距,多线梯形螺纹要同时标注导程和线数。   (   )

4.梯形螺纹的传动效率略高于矩形螺纹。   (   )

5.粗牙普通螺纹自锁性能好,但易滑牙,常用于薄壁零件或受动载的连接。 (   )

6.螺纹就是在圆柱或圆锥表面上,沿着螺旋线所形成的具有相同剖面的连续凸起。

                                (   )

7.普通螺纹的牙型角为 60°。   (   )

8.通常用于联接的螺纹是单线三角形螺纹。   (   )

9.导程是相邻两牙在中径线上对应两点间的轴向距离。   (   )

10.细牙普通螺纹用于管道的连接,如自来水管和煤气管道等利用细牙普通螺纹连接。   (   )

三、连线题

请将螺纹标注与其对应的螺纹类型用线条进行一一对应连接。

螺纹标注	螺纹类型
M24	双头细牙普通螺纹
M24×1.5	左旋的细牙普通螺纹
M24×1.5LH	右旋的细牙普通螺纹
M24×3(P1.5)	粗牙普通螺纹

4.4 螺纹连接(2)

学习要点

一、螺纹连接的主要类型及应用

表 4-4 螺纹连接的主要类型

类型	螺栓连接	双头螺柱连接	螺钉连接	紧定螺钉连接
结构	 受拉螺栓 受剪螺栓			
特点和应用	结构简单,装拆方便,适用于被连接件厚度不大且能够从两面进行装配的场合	适用于被连接件之一较厚不宜制作通孔及需经常拆卸的场合	用于被连接件之一较厚不宜制作通孔,且不需经常装拆的场合	利用螺钉的末端顶住另一被连接件的凹坑中,以固定两零件的相对位置,可传递不大的横向力或转矩

二、螺纹连接的预紧与防松

1.螺纹连接的预紧

按照工作条件的要求,螺纹连接分为无预紧力要求的松连接和有预紧力要求的紧连接。

螺纹连接在承受工作载荷之前,受到预紧力的作用,可增加螺钉螺母及联接件之间的摩擦力,提高连接的紧密性、紧固性和可靠性。

目前控制预紧的方法较多采用电动扳手,使用呆扳手可以在一定程度上控制拧紧力矩,而使用可以调整的活动扳手难以控制拧紧力矩。

2.螺纹连接的控制

在装配时要根据螺栓实际分布情况,按一定的顺序(图 4-7)分几次逐步拧紧,而拆卸顺序与装配时恰好相反。

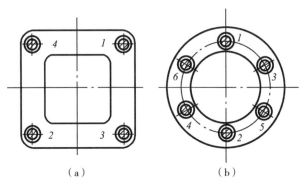

（a） （b）

图 4-7 拧紧螺栓顺序示例

如图 4-8 所示,对于铸锻焊件等粗糙表面,应加工成凸台、沉头座或采用球面垫圈;支承面倾斜时应采用斜面垫圈。这样可使螺栓轴线垂直于支承面,避免承受偏心载荷。图中尺寸 E 应保证扳手所需活动空间。

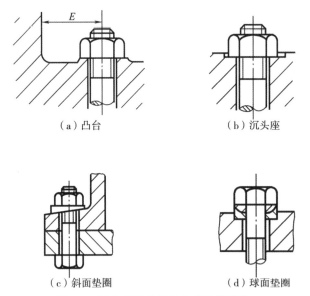

（a）凸台 （b）沉头座

（c）斜面垫圈 （d）球面垫圈

图 4-8 避免螺栓承受偏心载荷的措施

3.螺纹连接的防松措施

螺纹连接在变载荷、冲击、振动作用下,会使预紧力减小,摩擦力降低,从而导致螺旋副相对转动,使螺纹连接产生松动。常用的防松措施有三种(表 4-5)。

表 4-5　螺纹连接常用的防松措施

防松措施	具体方法	防松效果	示例
摩擦防松	使螺旋副中产生不随外力变化的正压力,以形成阻止螺旋副相对转动的摩擦力	适用于机械外部静止构件的连接,以及防松要求不严格的场合	对顶螺母、金属锁紧螺母、弹簧垫圈
锁住防松	利用各种止动件机械地限制螺旋副相对转动	防松可靠性强,但拆装麻烦,适用于机械内部运动构件的连接,以及防松要求高的场合	开口销、槽型螺母、止动垫片、串联金属丝
不可拆防松	在螺旋副旋紧后,采用端铆、冲点、焊接、胶接等措施,使螺纹连接不可拆	方法可靠,适用于装配后不再拆卸的连接	端铆、冲点、焊接、胶接

三、螺旋传动简介

螺旋传动由螺杆、螺母和机架组成,可将回转运动变换为直线运动,同时传递运动和动力,是一种常用的机械传动形式。螺旋传动按其用途不同可分为三类,如表 4-6 所示。

表 4-6　螺旋传动的类别

类别	说明	应用场合	示例
传力螺旋	螺母固定,螺杆转动并移动	以传递动力为主,用于低速回转、间歇工作和要求自锁的场合	螺旋起重机、螺旋压力机
传导螺旋	螺杆转动,螺母移动	以传递运动为主,用于高速回转、连续工作和要求高效率、高精度的场合	机床刀架、工作台的进给机构
调整螺旋	螺杆转动并移动,螺母移动,其中螺杆上有两段不一致的螺纹	螺杆上两段螺纹旋向相同而导程不同时,可用于微小位移的场合;两段螺纹旋向相反时,可用于快速移动场合	镗刀杆、螺旋测微仪、夹具、张紧装置

同步练习

一、单选题

1.如图所示中的三种螺纹联接,依次为( )。

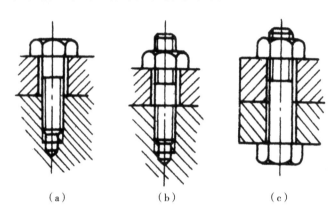

（a） （b） （c）

A.螺栓连接、螺柱连接、螺钉连接　　　B.螺钉连接、螺柱连接、螺栓连接

C.螺钉连接、螺栓连接、螺柱连接　　　D.螺柱连接、螺钉连接、螺栓连接

2.螺纹连接的一种( )连接。

A.不可拆连接　　　　　　　　　　　B.可拆连接

C.具有自锁性能的不可拆连接　　　　D.具有防松装置的可拆连接

3.用于被连接件不太厚,便于穿孔,且需经常拆卸场合的螺纹连接类型是( )。

A.螺钉连接　　　　　　　　　　　　B.螺栓连接

C.双头螺栓连接　　　　　　　　　　D.紧定螺钉连接

4.螺栓连接的主要特点是( )。

A.按结构需要在较厚的连接件上制出盲孔,多次拆装不损坏被连接件

B.在被连接件上钻出比螺纹直径略大的孔,装拆不受被连接材料的限制

C.适用于被连接件较厚且不需经常装拆的场合

D.用于轴与轴上零件的连接

5.末端形状是( )的紧定螺钉,常用于顶紧硬度较大的平面或经常拆卸的场合。

A.圆柱端　　　　　B.平端　　　　　C.锥端　　　　　D.球形端

6.当两个被连接件之一太厚,且需经常拆装时,宜采用( )。

A.螺钉连接　　　　　　　　　　　　B.普通螺栓连接

C.双头螺柱连接　　　　　　　　　　D.紧定螺钉连接

7.螺钉连接用于( )场合。

A.用于经常装拆的连接

B.用于被连接件不太厚并能从被连接件两边进行装配的场合

C.用于被连接之一太厚且不经常装拆的场合

D.用于受结构限制或希望结构紧凑且经常装拆的场合

8.下列几组连接中,(　　)均属于可拆连接。

A.铆钉连接,螺纹连接、键连接　　　　　B.键连接、螺纹连接、销连接

C.粘结连接、螺纹连接、销连接　　　　　D.键连接、焊接、铆钉连接

9.在螺栓连接中,采用弹簧垫圈防松属于(　　)。

A.摩擦防松　　　　　　　　　　B.锁住防松

C.冲点法防松　　　　　　　　　　D.粘结法防松

10.广泛应用于一般连接的防松装置是(　　)。

A.弹簧垫圈　　　　B.止动垫圈　　　　C.槽形螺母和开口销

11.螺栓连接防松装置中,下列(　　)是不可拆防松的。

A.开口销与槽型螺母　　　　　　B.对顶螺母拧紧

C.止动垫片与圆螺母　　　　　　D.冲点

12.单向受力的螺旋传动机构中广泛采用(　　)螺纹。

A.三角形　　　　B.矩形　　　　C.锯齿形　　　　D.梯形

二、判断题

1.螺纹连接是连接的常见形式,是一种不可拆连接。　　　　　　　(　　)

2.螺栓连接常用于被连接零件之一较厚、受力不大且不经常拆装的场合。　(　　)

3.螺纹的牙型角越大,螺纹副就越容易自锁。　　　　　　　　　　(　　)

4.螺纹连接中,预紧就是防松的有力措施。　　　　　　　　　　　(　　)

5.差动螺旋传动可以产生极小的位移,因此可方便实现微量调节。　　(　　)

三、连线题

请将螺纹连接防松类别与其对应的具体措施用线条进行一一对应连接。

防松类别	具体措施
摩擦防松	端铆
锁住防松	止动垫片
不可拆防松	对顶螺母

第5章　机　构

序号	考核要点	分值比例(约占)
1	理解平面运动副及其分类	
2	掌握铰链四杆机构的基本类型、特点和应用	
3	理解曲柄滑块机构的特点和应用	20％
4	了解平面四杆机构的急回运动特性和死点位置	
5	了解凸轮机构的组成、特点、分类和应用	

5.1　平面运动副

学习要点

一、机构

通常把由若干个构件组成来传递运动和力,用运动副将各构件连接起来,各构件之间具有确定的相对运动构件系统称为机构。在一个机构中所有的运动部分都在同一个平面内或相互平行的平面内运动的机构,称为平面机构。

二、平面运动副

机构中的各个构件都以一定的方式与其他构件相互连接,这种连接不是固定构件的位置,而是使构件之间有确定的相对运动。机构中使两个构件直接接触并能产生一定相对运动的连接,称为运动副。在平面机构中,构成运动副的各个构件之间的相对运动为平面运动,因此该种运动副称为平面运动副。

根据接触的形式不同,运动副可以分为两类:

1.低副

两构件通过面与面的形式相接触组成的运动副,称为低副。由于低副是通过面与面之间相接触,其接触面积较大,因此接触部分之间的压强较低。

低副按照构件之间的相对运动形式又分为两种:

(1)转动副

如图 5-1(a)所示,是指构件之间只能产生相对转动的运动副。

(2)移动副

如图 5-1(b)所示,是指构件之间只能产生相对移动的运动副。

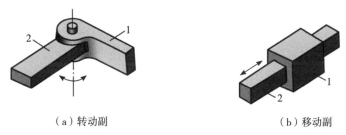

（a）转动副　　　　　　　　　　　（b）移动副

图 5-1　平面低副

2.高副

两构件通过点或线的形式相接触组成的运动副,称为高副。如图 5-2 所示齿轮与齿

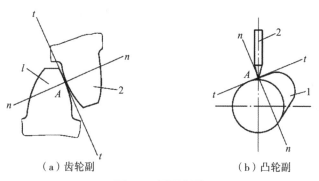

（a）齿轮副　　　　　　　　　　　（b）凸轮副

图 5-2　平面高副

轮之间的相互啮合,为线接触,以及凸轮与从动件之间点接触。由于高副以点或线相接触,其接触面积较小,因此接触部分之间的压强较高,易磨损。

三、构件

机构中的构件分为三类:

(1)机架:起固定作用的构件。

(2)原动件:按给定的已知运动规律独立运动的构件。

(3)从动件:其余的活动构件。

构件的结构与受力情况、运动特点及相对尺寸等因素有关。下面介绍几种常见的构件结构。

1.具有转动副的构件

构件中转动副间距较大时,一般把构件制成杆状,如图 5-3 所示。杆状构件一般制成直杆,但有时候为了避免构件与机械的其他部分在运动时发生碰撞或者干涉的情况,也可制成特殊形式。

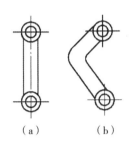

（a）　　　　（b）

图 5-3　具有转动副的构件

2.具有移动副和转动副的构件

如图 5-4 所示为单缸内燃机结构简图。在燃烧气体的膨胀压力作用下,活塞 C 被推动下移,并通过连杆 BC 使曲轴 AB 旋转而做功。这里的活塞既与缸体组成移动副,又与连杆组成转动副。这类构件多设计为块状,常称为滑块。

3.具有两个移动副的构件

这种构件不多见,如图 5-5 所示的滑块式联轴器的中间滑块就是这种构件。

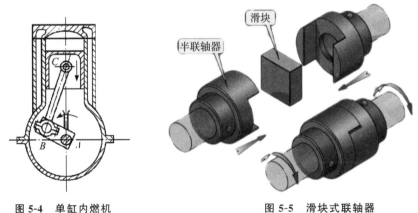

图 5-4　单缸内燃机　　　　图 5-5　滑块式联轴器

同步练习

一、单选题

1.下图中,(　　　)的运动副 A 是高副。

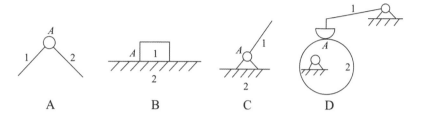

        A   B   C   D

2.运动副的作用是(　　　)两构件,使其有一定的相对运动。

  A.固定   B.连接

  C.分离   D.分隔

3.两构件构成运动副的主要特征是(　　　)。

  A.两构件以点、线、面相接触

  B.两构件能做相对运动

  C.两构件相连接

  D.两构件既连接又作一定的相对运动

4.图中所示机构有(　　　)低副。

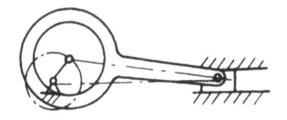

  A.1 个   B. 2 个

  C. 3 个   D. 4 个

5.下列机构中的运动副,属于高副的是(　　　)。

  A.火车车轮与铁轨之间的运动副

  B.螺旋千斤顶螺杆与螺母之间的运动副

  C.车床床鞍与导轨之间的运动副

  D.转动副

6.下列机构中的运动副,属于低副的是(　　　)。

  A.滚动副   B.齿轮副

  C.尖顶凸轮副   D.螺旋副

二、判断题

1.普通车床的丝杠与螺纹组成螺旋副。 （ ）

2.低副机构的两构件间的接触面大,压强小,不易磨损。 （ ）

3.齿轮机构的咬合表面是高副接触。 （ ）

4.点线接触的高副,由于接触面小,承受的压强大。 （ ）

5.自行车的车轮与地面接触属于高副连接。 （ ）

6.车床的床鞍与导轨组成移动副。 （ ）

7.根据组成运动副的两构件的接触形式不同,平面运动副可分为低副和移动副。

（ ）

8.铰链连接是转动副的一种具体方式。 （ ）

9.机构就是具有相对运动的构件的组合。 （ ）

10.一部机器一定是由多个机构组合而成。 （ ）

三、连线题

请将所给运动副类型与应用实例用线条进行一一对应连接。

运动副类型	应用实例
低副	轴与轴承之间的可动连接
高副	齿轮副

5.2 铰链四杆机构

学习要点

平面连杆机构是指由若干刚性构件用低副链接组成的机构,其中各构件之间的相对运动都在同一平面或者相互平行的平面内,因此又称为平面低副机构。

平面连杆机构的类型有很多。其中应用最广泛的四杆机构是组成多杆机构的基础。本节主要讨论铰链四杆机构的组成、类型及其判定方法。

一、铰链四杆机构的组成

由四个杆件组成,且各杆件之间都是转动副的平面连杆机构,称为铰链四杆机构。

铰链四杆机构由机架、连架杆及连杆组成,如图 5-6 所示。

（1）机架：固定不动的杆，如 AD 杆。

（2）连架杆：与机架用转动副相连接的杆。

其中，能绕其回转中心作整周转动的连架杆，称为曲柄，如 AB 杆；仅能在小于 $360°$ 的某一范围摆动的连架杆，称为摇杆如 CD 杆。

（3）连杆：不与机架直接连接的杆，如 BC 杆。

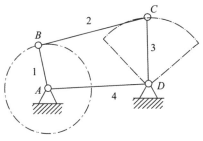

图 5-6　铰链四杆机构

二、铰链四杆机构类型及其判定

1.铰链四杆机构类型

曲柄摇杆机构：两个连架杆中其一为曲柄，另一为摇杆的铰链四杆机构，称为曲柄摇杆机构，如汽车窗雨刮器、缝纫机的踏板机构、搅拌机、颚式碎矿机、雷达天线、牛头刨床工作进给机构等。

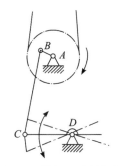

图 5-7　缝纫机踏板机构

双曲柄机构：两个连架杆均为曲柄的铰链四杆机构，称为双曲柄机构，如惯性筛机构、机车车轮联动机构等。

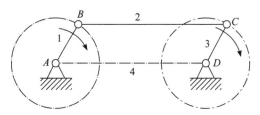

图 5-8　机车车轮联动机构

双摇杆机构:两连架杆均为摇杆的铰链四杆机构,称为双摇杆机构,如飞机起落架、港口起重机、电风扇的摇头机构、汽车前轮转向机构等。

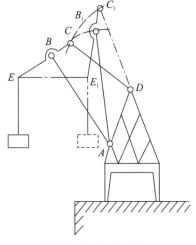

2.曲柄存在的条件

铰链四杆机构中是否存在曲柄,取决于各构件长度之间的关系:

(1)杆长和条件:最短杆与最长杆的长度之和应小于其余两杆长度之和。

(2)最短杆条件:最短杆为连架杆或者机架。

同时满足这两个条件则铰链四杆机构中存在曲柄。

图5-9 港口起重机

3.铰链四杆机构类型的判定

若铰链四杆机构中的最短杆与最长杆长度之和小于或等于其余两杆长度之和,即满足杆长和条件,有下列三种情况:

(1)以最短杆的相邻杆为机架时,为曲柄摇杆机构。

(2)以最短杆为机架时,为双曲柄机构。

(3)以最短杆的相对杆为机架时,为双摇杆机构。

若铰链四杆机构中的最短杆与最长杆长度之和大于其余两杆长度之和,则无论以哪杆为机架,均为双摇杆机构。

同步练习

一、单选题

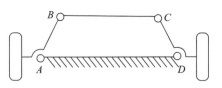

1.如图所示汽车转向机构属于(　　　)。

   A.曲柄摇杆机构

   B.曲柄滑块机构

   C.双曲柄机构

   D.双摇杆机构

2.如图所示汽车车窗升降装置采用了(　　　)。

   A.曲柄摇杆机构

   B.双摇杆机构

   C.平行双曲柄机构

   D.转动导杆机构

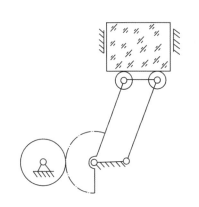

3.如图所示客车车门开闭机构是(　　　)。

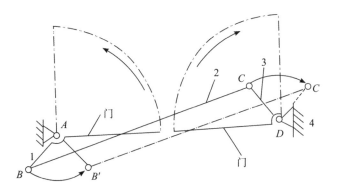

    A.双摇杆机构　　　　　　　　　B.平行双曲柄机构

    C.反平行四边形机构　　　　　　D.曲柄摇杆机构

4.下列(　　　)不是平面连杆机构的优点。

    A.运动副是面接触,故压强低,便于润滑、磨损小

    B.运动副制造方便,容易获得较高的制造精度

    C.容易实现转动、移动基本运动形式及其转换

    D.容易实现复杂的运动规律

5.杆长不等的铰链四杆机构,若以最短杆为机架,应是(　　　)。

    A.曲柄摇杆机构　　　　　　　　B.双曲柄机构

    C.双摇杆机构　　　　　　　　　D.双曲柄机构或双摇杆机构

6.如图所示物理实验室所用天平采用了(　　　)。

    A.曲柄摇杆机构

    B.双摇杆机构

    C.摇动导杆机构

    D.平行双曲柄机构

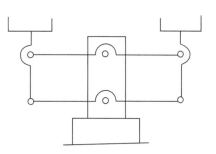

7.牛头刨床主体运动机构采用的是(　　　)。

    A.曲柄摇杆机构　　　　B.双曲柄机构

    C.导杆机构　　　　　　D.转动导杆机构

8.如图所示机构中,各杆长度关系为:$L_{AB}=L_{BC}=$
$L_{AD}<L_{CD}$该机构是(　　　)。

    A.曲柄摇杆机构

    B.双曲柄机构

    C.双摇杆机构

    D.转动导杆机构

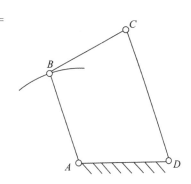

9.如图所示汽车前窗刮水器是（　　）。

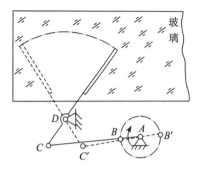

A.曲柄摇杆机构　　　　　　　　　B.双摇杆机构

C.双曲柄机构　　　　　　　　　　D.摆动导杆机构

10.如图所示简易剪板机应用了（　　）。

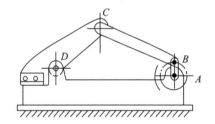

A.曲柄摇杆机构　　　　　　　　　B.双摇杆机构

C.双曲杆机构　　　　　　　　　　D.曲柄滑块机构

二、判断题

1.铰链四杆机构是平面低副组成的四杆机构。　　　　　　　　　（　　）

2.铰链四杆机构中的最短杆就是曲柄。　　　　　　　　　　　　（　　）

3.在铰链四杆机构中,如存在曲柄,则曲柄一定为最短杆。　　　　（　　）

4.通常把曲柄摇杆机构中的曲柄和连杆叫做连架杆。　　　　　　（　　）

5.铰链四杆机构中,当最长杆与最短杆之和大于其余两杆之和时,无论以哪一杆为机架都得到双摇杆机构。　　　　　　　　　　　　　　　　　　（　　）

6.家用缝纫机的踏板机构采用的是双摇杆机构。　　　　　　　　（　　）

7.在铰链四杆机构中,若连架杆能围绕其中心做整周转动,则称为曲柄。　（　　）

8.把铰链四杆机构的最短杆作为固定机架,就一定可得到双曲柄机构。（　　）

9.在曲柄长度不相等的双曲柄机构中,主动曲柄做等速回转运动,从动曲柄做变速回转运动。　　　　　　　　　　　　　　　　　　　　　　　（　　）

10.平面连杆机构中各构件之间的相对运动都在同一平面。　　　　（　　）

三、连线题

请将所给铰链四杆机构类型与应用实例用线条进行一一对应连接。

铰链四杆机构类型	应用实例
曲柄摇杆机构	汽车雨刮器
双曲柄机构	车门启闭机构
双摇杆机构	起重机变幅机构

5.3　曲柄摇杆机构的演化

学习要点

除了铰链四杆机构的上述三种类型外，人们还广泛采用其他形式的平面四杆机构，这些平面四杆机构由铰链四杆机构通过一定途径演化而来。

1.曲柄滑块机构

若将曲柄摇杆机构中的摇杆变成滑块，并将导路设计为直线，则曲柄摇杆机构就成了曲柄滑块机构。如图 5-10 所示，当滑块 3 的移动轨迹延长线通过曲柄 1 的回转中心 A 时，为对心曲柄滑块机构；当滑块 3 的移动轨迹延长线与曲柄 1 回转中心 A 有一定距离 e 时，则为偏置曲柄滑块机构。曲柄滑块机构可将主动滑块的往复直线运动，经连杆转换为从动曲柄的连续转动，在自动送料机、手动冲孔钳、内燃机和缝纫机等机构中得到广泛应用。

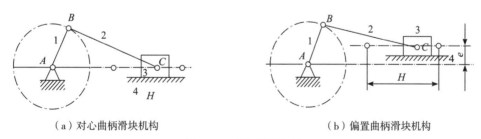

（a）对心曲柄滑块机构　　　　　　　　（b）偏置曲柄滑块机构

图 5-10　曲柄摇杆机构

2.摇杆滑块机构

若将图 5-11 中的滑块 3 作为机架，BC 杆称为绕铰链 C 摆动的摇杆，AC 杆成为滑块作往复移动,就得到摇杆滑块机构。这一机构常用于图 5-12 所示的手摇唧筒或双作用式水泵等机械中。

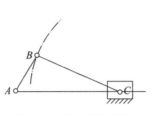

图 5-11　曲柄滑块机构

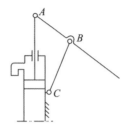

图 5-12　手摇唧筒机构

3.导杆机构

若将曲柄滑块机构中的构件 1 作为机架,如图 5-13 所示,就演化成导杆机构。导杆机构可以分为曲柄转动导杆机构和曲柄摆动导杆机构。导杆机构常与其他构件组合,用于牛头刨床和插床等机械中。

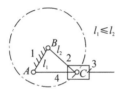

（a）曲柄转动导杆机构

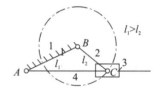

（b）曲柄摆动导杆

图 5-13　导杆机构

同步练习

一、单选题

1.有一对心曲柄滑块机构,曲柄长为 100 mm,则滑块的行程是(　　)。

　　A. 50 mm

　　B. 100 mm

　　C. 200 mm

　　D. 400 mm

2.下列机构中能把转动转换成往复直线运动,也可以把往复直线运动转换成转动的是(　　)。

　　A.曲柄摇杆机构

　　B.曲柄滑块机构

　　C.双摇杆机构

3.如图(a)所示钢窗翻转机构中,要求将钢窗玻璃 2 正、反面都能转向室内,如图(b)、图(c)所示,以保证高楼擦玻璃时安全。试问该机构是(　　)。

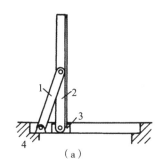
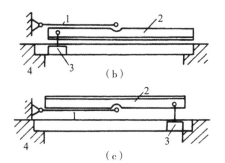

A.曲柄摇杆机构　　　B.双摇杆机构　　　C.双曲柄机构　　　　D.曲柄滑块机构

4.在曲柄滑块机构中,如果取连杆为机架,则可获得(　　　)。

A.转动导杆机构　　　　　　　　B.曲柄摇块机构

C.摆动导杆机构　　　　　　　　D.摇块机构

5.下图所示自卸卡车翻斗机构属于(　　　)。

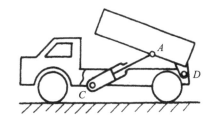

A.曲柄摇杆机构　　　　　　　　B.曲柄摇块机构

C.曲柄滑块机构　　　　　　　　D.双摇杆机构

6.下列机构中,(　　　)为曲柄滑块的应用实例。

A.手动抽水机　　　　　　　　　B.滚动送料机

C.自卸汽车卸料装置　　　　　　D.缝纫机踏板机构

二、判断题

1.曲柄滑块机构是由曲柄摇杆机构演化而来的。　　　　　　　　　　　(　　　)

2.将曲柄滑块机构中的滑块改为固定件,则原机构将演化为摇杆滑块机构。　(　　　)

3.曲柄滑块机构常用于内燃机中。　　　　　　　　　　　　　　　　　(　　　)

三、连线题

请将所给机构类型与应用实例用线条进行一一对应连接。

机构类型	应用实例
曲柄滑块机构	双作用式水泵
摇杆滑块机构	自动送料机
导杆机构	牛头刨床

5.4 平面四杆机构的基本特性

学习要点

一、急回特性

在曲柄摇杆机构中,曲柄为主动件,曲柄虽作等角速度转动,但摇杆往复摆动的平均速度却不相等,其空行程经历的时间比工作行程经历的时间短,即空行程的平均速度大于工作行程的平均速度,这种性质称为机构的急回特性。

在摇杆处于两极限位置时,曲柄对应位置间所夹锐角 $\angle C_1 A C_2$ 称为极位夹角 θ,$\angle C_1 D C_2$ 称为摆角 φ。

行程速比系数记为 K,$K > 1$。K 反映了从动件在空回行程中速度快慢的相对程度,它的大小表达了机构的急回程度,θ 越大,K 也越大,则急回特性就越明显。因此,极位夹角 θ 是判断连杆机构急回特性的依据,在工程实践中就是利用摆动导杆机构的急回特性来缩短刨削的回程时间,从而提高生产效率。

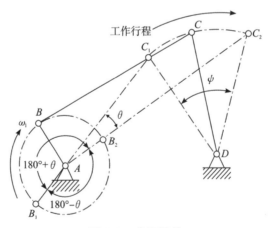

图 5-14　急回特性

二、死点位置

在曲柄摇杆机构中,当从动件与连杆共线时,连杆对从动件的作用力恰好通过其回转中心,不能推动从动件运动或运动出现不确定性,则该机构存在死点位置为使机构顺利通过死点而正常运转,工程上常借助于安装在曲柄上的飞轮的惯性,或对从动件曲柄施加额外的力,或利用机构错位排列等方法来使曲柄顺利通过死点位置。

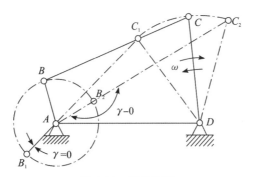

图 5-15　死点位置

同步练习

一、单选题

1.下列利用急回运动特性提高工作效率的是(　　　)。

　　A.机车车轮联动机构　　　　　　　　B.惯性筛机构

　　C.飞机起落架　　　　　　　　　　　D.电风扇摆头装置

2.为使机构能够顺利通过死点位置继续正常运转,可以采用的办法有(　　　)。

　　A.机构并行排列　　　　　　　　　　B.加大惯性

　　C.增大极位夹角　　　　　　　　　　D.加大中心距

3.有急回运动特性的平面连杆机构,其行程速度变化系数 K 为(　　　)。

　　A. $K=1$ 　　　　　　　　　　　　B. $K>1$

　　C. $K \geqslant 1$ 　　　　　　　　　　　D. $K<1$

4.当急回运动行程速比系数(　　　)时,曲柄摇杆机构才具有急回特性。

　　A. $K=0$ 　　　　　　　　　　　　B. $K=1$

　　C. $K>1$ 　　　　　　　　　　　　D. $K<1$

5.当铰链四杆机构出现"死点"位置时,可在从动曲柄上(　　　),使其顺利通过"死点"位置。

　　A.加装飞轮　　　　　　　　　　　　B.加大主动力

　　C.减少阻力　　　　　　　　　　　　D.加快速度

6.图中( )图所注的 θ 角是曲柄摇杆机构的极位夹角。

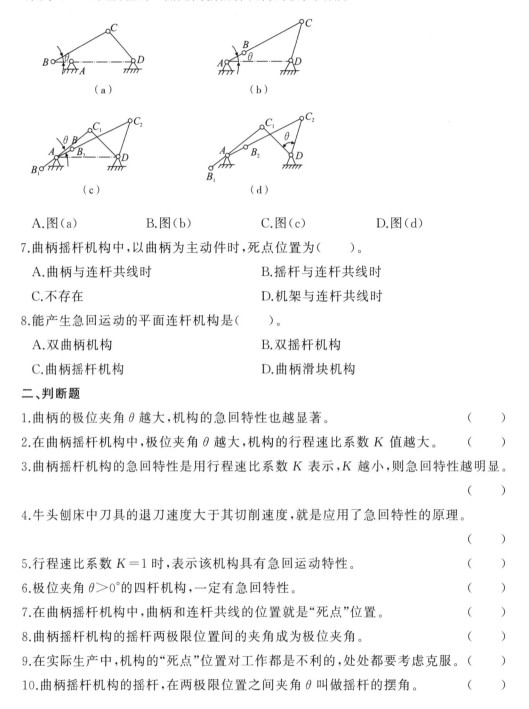

（a） （b）

（c） （d）

A.图（a） B.图（b） C.图（c） D.图（d）

7.曲柄摇杆机构中,以曲柄为主动件时,死点位置为( )。

A.曲柄与连杆共线时 B.摇杆与连杆共线时

C.不存在 D.机架与连杆共线时

8.能产生急回运动的平面连杆机构是( )。

A.双曲柄机构 B.双摇杆机构

C.曲柄摇杆机构 D.曲柄滑块机构

二、判断题

1.曲柄的极位夹角 θ 越大,机构的急回特性也越显著。 （ ）

2.在曲柄摇杆机构中,极位夹角 θ 越大,机构的行程速比系数 K 值越大。 （ ）

3.曲柄摇杆机构的急回特性是用行程速比系数 K 表示,K 越小,则急回特性越明显。

（ ）

4.牛头刨床中刀具的退刀速度大于其切削速度,就是应用了急回特性的原理。

（ ）

5.行程速比系数 $K=1$ 时,表示该机构具有急回运动特性。 （ ）

6.极位夹角 $\theta>0°$ 的四杆机构,一定有急回特性。 （ ）

7.在曲柄摇杆机构中,曲柄和连杆共线的位置就是"死点"位置。 （ ）

8.曲柄摇杆机构的摇杆两极限位置间的夹角成为极位夹角。 （ ）

9.在实际生产中,机构的"死点"位置对工作都是不利的,处处都要考虑克服。（ ）

10.曲柄摇杆机构的摇杆,在两极限位置之间夹角 θ 叫做摇杆的摆角。 （ ）

5.5 凸轮机构

一、凸轮机构的组成及特点

如图 5-16 所示,凸轮机构由凸轮 1、从动件 2（推杆或摆杆）及机架 3 三部分组成。

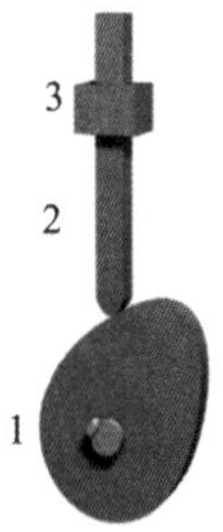

凸轮机构的优点:组成凸轮机构的构件数量较少,结构比较简单、紧凑,凸轮的轮廓曲线可以使从动件获得各种预期的运动规律,设计较容易。

凸轮机构的缺点:凸轮与从动件间为高副接触,易磨损,只适于传力不大的场合。从动件行程不宜过大,否则会使凸轮尺寸变化过大,机构笨重,凸轮制造较复杂,费用较高。

图 5-16 凸轮机构

二、应用实例

【例 5-1】内燃机配气机构

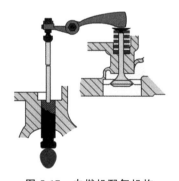

图 5-17 内燃机配气机构

【例 5-2】靠模车削机构

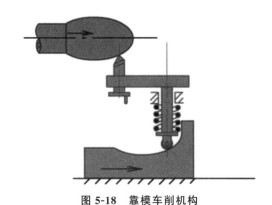

图 5-18　靠模车削机构

【例 5-3】自动送料机构

图 5-19　自动送料机构

三、凸轮机构的分类及应用

1.按凸轮的形状分,凸轮机构分为盘形凸轮(如图 5-20)、移动凸轮(如图 5-21)和圆柱凸轮(如图 5-22)。

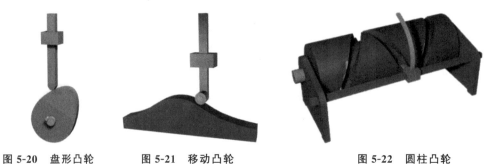

图 5-20　盘形凸轮　　　图 5-21　移动凸轮　　　　　图 5-22　圆柱凸轮

2.按从动件端部结构形式分,凸轮机构分为尖顶从动件(构造简单,易磨损,用于仪表机构,如图 5-23)、滚子从动件(磨损小,应用广,如图 5-24)和平底从动件(受力好,润滑好,用于高速传动,如图 5-25)。

图 5-23 尖顶从动件　　图 5-24 滚子从动件　　图 5-25 平底从动件

3.按从动件的运动形式分,凸轮机构分为移动从动件(如图 5-26)和摆动从动件(如图 5-27)。

图 5-26 移动从动件　　　图 5-27 摆动从动件

同步练习

一、单选题

1.与平面连杆机构相比较,凸轮机构突出的优点是(　　　)。

　A.能准确地实现给定的从动件运动规律

　B.能实现间歇运动

　C.能实现多运动形式的变换

　D.传力性能好

2.凸轮机构从动件的运动规律是由(　　　)决定的。

　A.凸轮转速　　　　　　　　　B.凸轮轮廓曲线

　C.凸轮形状　　　　　　　　　D.凸轮基圆半径

3.下图中(　　)凸轮机构的从动件与凸轮之间是滑动摩擦,且阻力大,磨损快,只适用于传力不大的低速场合。

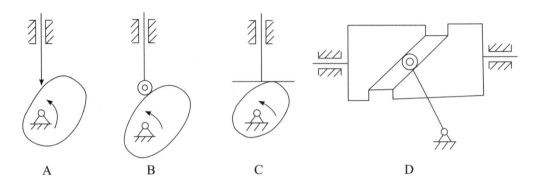

A　　　　　B　　　　　C　　　　　D

4.如图所示为简易油泵,它是(　　)的实际应用。

A.曲杆滑块机构　　　　　　　　B.偏心轮机构

C.滚子移动从动件盘形凸轮机构　　D.平底从动件盘形凸轮机构

5.如图所示凸轮机构中,凸轮轮廓由以 O 及 O_1 为圆心的圆弧 AB、CD 和直线 AC、BD 组成,该凸轮机构的从动杆运动(　　)类型。

A.升—停—降　　　　　　　　B.升—降—停

C.升—停—降—停　　　　　　　D.升—降—升

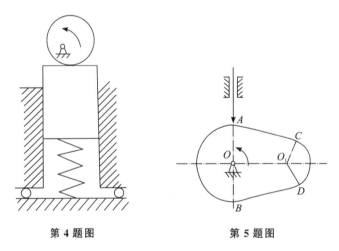

第4题图　　　　　　　　第5题图

6.传动要求不高,承载能力较大的场合常应用的从动件形式为(　　)。

A.尖顶式　　　　B.滚子式　　　　C.平底式　　　　D.曲面式

7.组成凸轮机构的基本构件有(　　)。

A. 2 个　　　　B. 3 个　　　　C. 4 个　　　　D. 5 个

8.凸轮与从动件接触处的运动副属于(　　)。

A.高副　　　　B.转动副　　　　C.移动副　　　　D.低副

9.若要盘形凸轮机构的从动件在某一段时间内停止不动,对应的凸轮轮廓应是(　　　)。

  A.一段直线   B.一段圆弧

  C.一段抛物线   D.一段以凸轮转动中心为圆心的圆弧

10.凸轮轮廓与从动件之间的可动联接是(　　　)类型的运动副。

  A.移动副   B.高副   C.转动副   D.以上三种均可

11.实际运行中,凸轮机构从动件的运动规律是由(　　　)确定的。

  A.凸轮转速   B.从动件与凸轮的锁合方式

  C.从动件的结构   D.凸轮的工作轮廓

12.下图所示机构中,(　　　)是空间凸轮机构。

（a）　　　　　　　　　　　　　　（b）

（c）　　　　　　　　　　　　　　（d）

  A.图(a)   B.图(b)   C.图(c)   D.图(d)

二、判断题

1.凸轮机构是高副机构。   (　　　)

2.移动凸轮可以相对机架作直线往复运动。   (　　　)

3.呈内凹形轮廓的凸轮机构选择平底从动件时,也可实现预期的运动规律。 (　　　)

4.移动凸轮运动时,从动件也会作往复直线移动。   (　　　)

5.由于盘形凸轮制造方便,所以最适用于较大行程的传动。   (　　　)

6.凸轮精度要求较高,制造较复杂,有时需要数控机床进行加工。   (　　　)

7.凸轮机构是高副机构,易磨损,因此只使用于传递动力不大的场合。 (　　　)

8.平底移动从动件盘形凸轮机构的压力角恒等于一个常量。   (　　　)

9.尖顶式从动杆与凸轮接触摩擦力较小,故可用来传递较大的动力。 (　　　)

10.按凸轮的理论,轮廓曲线的最小半径所做的圆称为凸轮的基圆。 (　　　)

三、连线题

请将所给凸轮机构类型与应用实例用线条进行一一对应连接。

凸轮类型	应用实例
盘形凸轮	内燃机配气机构
移动凸轮	自动送料机
圆柱凸轮	靠模车削机构

第 6 章 机械传动

大纲要求

序号	考核要点	分值比例
1	了解带传动的工作原理、特点、类型和应用	
2	理解带传动的平均传动比	
3	了解影响带传动工作能力的因素,带传动的失效形式、安装与维护	
4	了解链传动的工作原理、类型、特点和应用	
5	了解齿轮传动的特点、分类和应用	
6	掌握齿轮传动的平均传动比的计算方法	
7	理解渐开线齿轮各部分的名称、主要参数	
8	掌握标准直齿圆柱齿轮分度圆、齿顶圆、中心距、齿顶高、齿根高和全齿高等基本尺寸的计算	约占30%
9	理解渐开线直齿圆柱齿轮传动的啮合条件	
10	了解齿轮根切现象、最小齿数、齿轮的结构和齿轮的失效形式	
11	了解蜗杆传动的特点、类型和应用	
12	理解蜗杆传动的传动比的计算及转向的判定	
13	了解轮系的分类和应用	
14	掌握定轴轮系传动比的计算	

6.1 带传动

学习要点

一、带传动的组成和工作原理

带传动由主动带轮、传动带和从动带轮构成。

摩擦带传动依靠带与带轮间的摩擦力来传递运动和动力。

啮合带传动利用带与带轮间的啮合作用来传递运动和动力。

二、带传动的特点

1.优点

(1)传动平稳,噪声小。(带为弹性体可吸振)

(2)可过载保护。(过载打滑)

(3)允许中心距较大。

(4)结构简单,无需润滑,维护方便。

2.缺点

(1)传动比不准确。(存在弹性滑动)

(2)外廓尺寸大,传动效率较低。

(3)带的使用寿命短,不适合高温、易燃及有油、水的场合。

三、带传动的类型与应用

1.按传动原理分类

带传动可分为摩擦带传动与啮合带传动两类。

(a)摩擦带传动　　　　　　　（b）啮合带传动

图 6-1　带传动

2.按传动带的截面形状分类

表 6-1　带传动的类型与应用

类型	带的截面形状	工作原理与工作面	应用场合
平带传动	扁平矩形	依靠摩擦传动,带的内侧表面为工作面	适用于两轴平行、转向相同、距离较远的传动
V 带传动	等腰梯形	依靠摩擦传动,带的两侧面为工作面	在相同初拉力下,V 带传动传递功率是平带的 3 倍,结构紧凑,传递功率较大,应用广泛
多楔带传动	楔形	依靠摩擦传动,楔的侧面为工作面	以平带为基体,若干 V 带的组合,用于功率较大,且要求结构紧凑的场合
圆带传动	圆形	依靠摩擦传动,带的内侧表面为工作面	常用于小功率轻型机械,如缝纫机

注:啮合带传动的带与带轮间没有相对滑动,又称同步带传动;常用于传动比准确、传递功率大、要求传动平稳与精度较高的场合,如数控机床、纺织机械等。

  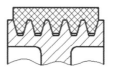

（a)平带传动　　　　（b)V 带传动　　　　（c)多楔带传动　　　　（d)圆带

图 6-2　带的截面形状

四、带传动的平均传动比

$$i_{12}=\frac{n_1}{n_2}=\frac{d_{d2}}{d_{d1}}$$

式中,n_1、n_2——主动轮和从动轮的转速,单位为 r/min;

d_{d1}、d_{d2}——主动轮和从动轮的基准直径,单位为 mm。

【例 6-1】 某台机器的电动机转速是 1440 r/min,主动带轮的基准直径是 120 mm,从动带轮的转速是 720 r/min,试求:从动带轮的基准直径是多少?

解:由传动比计算公式得

$$i_{12}=\frac{n_1}{n_2}=\frac{d_{d2}}{d_{d1}}=\frac{1440}{720}=2$$

$$d_{d2}=i_{12}d_{d1}=2\times120=240(\text{mm})$$

答:从动带轮的基准直径为 240 mm。

五、影响带传动工作能力的因素

(一)弹性滑动和打滑现象

1.弹性滑动

(1)弹性滑动由带的松、紧边的拉力差引起,是带在带轮的局部区域的微小滑动。

(2)弹性滑动是带传动的固有特性,是不可避免的。它会引起带磨损,不能保证准确的传动比。

2.打滑

(1)打滑由过载或带松弛引起,是带在全面范围的剧烈滑动。

(2)打滑是带传动的一种失效形式,是可以避免的。它会使带无法正常工作。

注:打滑首先发生在小带轮上,因为小带轮上带的包角小,带与轮间所产生的最大摩擦力较小。

(二)相关参数

1.带轮包角:指带与带轮接触面的弧长所对应的中心角。

2.带轮包角越小,摩擦力越小,则工作能力越小。一般要求小带轮包角 $\alpha_1 \geqslant 120°$。

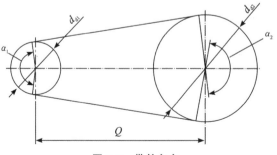

图 6-3 带轮包角

六、带传动失效形式

1.打滑

摩擦带传动过载时,主动轮继续回转,从动轮和带停止转动,带在小带轮上剧烈滑动的现象称为打滑。

2.带的疲劳破坏

带传动在运行过程中受到的应力是周期性变化的,当变化的应力超过极限时,传动带的局部出现脱层,以至断裂的现象称为疲劳破坏。

3.带的工作表面磨损

带的工作表面磨损是指由于带的弹性滑动和打滑,带与带轮之间存在相对滑动而导致的工作面磨损。

七、V带传动的张紧与调整

带传动工作一段时间后,V带因塑性伸长而松弛,使带的初拉力减少,影响正常工作,因此需要将带重新张紧。常用的张紧方法有:

1.改变中心距(移动法、摆动法)

2.利用张紧轮(松边内侧,靠近大轮)

为避免带受双向弯曲,张紧轮应放在松边内侧,以便延长带的寿命;且为避免小带轮的包角变小,张紧轮应靠近大轮,如图 6-4 所示。

图 6-4　张紧轮调整带的张力

八、V带传动的安装与维护

1. V 带型号应与带轮轮槽尺寸相符,以保证 V 带在轮槽中的正确位置。V 带顶面应与带轮外缘表面平齐,底面与槽底间有一定间隙,如图 6-5 所示。

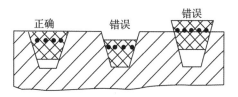

图 6-5　V 带在带轮轮槽中的位置

2.两带轮的轴线应相互平行,两带轮相对应的 V 形槽的对称面应重合,误差 θ 角不得超过 20′,如图 6-6 所示。

3.安装 V 带张紧要适当。正确张紧的检查方法:用大拇指在每条带中部施加 20 N 左右的垂直压力,带下沉 15 mm 为宜。如图 6-7 所示。

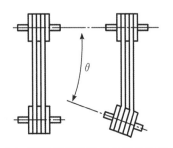

图 6-6　带轮安装位置及允许的误差

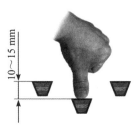

图 6-7　V 带张紧程度

4.应定期检查与调整。若发现个别 V 带不宜继续使用,应一组同时更换,不能新、旧带混用,以保证各根 V 带在传动时受力均匀。

5.V 带传动必须安装防护罩,以防止伤人事故,又可避免 V 带接触油、酸等有腐蚀作用及受烈日暴晒而过早老化变质。

同步练习

一、选择题

1.带传动主要依靠(　　)来传递运动和动力。

　A.带和两带轮接触面间的正压力　　　　B.带和两带轮接触面间的摩擦力

　C.带的张紧力　　　　　　　　　　　　D.带的紧边拉力

2.带传动的使用特点中没有(　　)。

　A.传动平稳且无噪音　　　　　　　　　B.能保证恒定的传动比

　C.适用于两轴中心距较大场合　　　　　D.过载时打滑,防止零件损坏

3.以下传动类型,属于摩擦传动的是(　　)。

　A.同步带传动　　　B.链传动　　　C.齿轮传动　　　D. V 带传动

4. V 带的工作面是(　　)。

　　A.底面　　　　　B.顶面　　　　C.一侧面　　　　D.两侧面

5.普通 V 带横截面为(　　)。

　　A.矩形　　　　　B.圆形　　　　C.等腰梯形　　　　D.正方形

6.对于 V 带传动,一般要求小带轮上的包角不得小于(　　)。

　　A. 100°　　　　　B. 120°　　　　C. 130°　　　　D. 150°

7.如果带传动的传动比是 5,从动带轮的直径是 500 mm,则主动带轮的直径是

　　(　　)。

A. 100　　　　　B. 250　　　　　C. 500　　　　　D. 2500

8.带传动采用张紧轮的目的是(　　　)。

　A.减轻带的弹性滑动　　　　　　　　B.提高带的寿命

　C.改变带的运动方向　　　　　　　　D.调节带的初拉力

9.新旧不同的 V 带不能同时使用,主要是(　　　)。

　A.保证相同的初拉力　　　　　　　　B.保证张紧力

　C.保证两轮的轴线平行　　　　　　　D.防止打滑

10.数控机床主轴上面常使用的带传动是(　　　)。

　A.平带传动　　　　B.普通 V 带传动　　　C.同步带传动　　　D.圆带传动

二、判断题

1.带传动属于啮合传动。　　　　　　　　　　　　　　　　　　　　　　　(　　)

2.平带传动结构复杂,不适宜于两轴中心距较大的场合。　　　　　　　　　(　　)

3.V 带的横截面是等腰梯形,其工作面是下表面和两侧面。　　　　　　　　(　　)

4.带传动的小轮包角越大,承载能力越大。　　　　　　　　　　　　　　　(　　)

5.对于 V 带传动,小带轮的包角一般要求不小于120°。　　　　　　　　　 (　　)

6.带传动的弹性滑动是不可避免的,打滑是可以避免的。　　　　　　　　　(　　)

7.带传动的失效形式只有打滑。　　　　　　　　　　　　　　　　　　　　(　　)

8.在成组的 V 带传动中,如有一根不能使用,只需更新那根不能使用的 V 带。

　　　　　　　　　　　　　　　　　　　　　　　　　　　　　　　　　　(　　)

9.V 带安装时,仅与轮槽两侧接触,而不与槽底接触。　　　　　　　　　　 (　　)

10.V 带张紧轮应安装在松边的内侧,且靠近大带轮。　　　　　　　　　　 (　　)

三、连线题

请将下列传动带的类型与工作原理用线条进行一一对应连接。

传动带类型	工作原理
平带传动	依靠带与带轮齿面间啮合工作
V 带传动	依靠带的内表面与带轮间摩擦工作
同步带传动	依靠带的两侧面与带轮间摩擦工作

6.2 链传动

一、链传动的组成和工作原理

1.组成:主动链轮、从动链轮和传动链。如图 6-8 所示。

2.工作原理:通过链条与链轮轮齿的啮合来传递运动和动力。

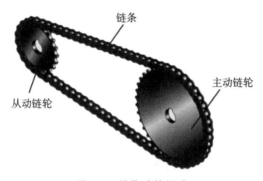

图 6-8 链传动的组成

二、链传动的特点

(一)优点(与带传动相比)

1.平均传动比准确。(啮合传动,无滑动现象)

2.不需初拉力,工作时对轴的作用力较小,承载能力较大,传动效率高。

3.能在高温、多尘等恶劣环境中工作。

(二)缺点

1.瞬时转速不均匀,传动平稳性较差。

2.链条磨损后容易发生脱落现象。

3.不适用于高速和急速反向的场合。

三、链传动的类型与应用

1.按用途不同划分为传动链、起重链、牵引链,如表 6-2 所示。

表 6-2　链传动的类型与应用

类型	应用实例
传动链	一般机械传动,如自行车、摩托车
起重链	在起重机械中用以提升重物,如港口集装箱起重机械、叉车提升装置
牵引链	在各种运输装置中用以牵引输送物品,如矿山的各种牵引输送机、自动扶梯牵引链

2.按结构不同划分为滚子链(常用)和齿形链(纺织机械等),如图 6-9 所示。

(a)滚子链　　　　　　　　　　(b)齿形链

图 6-9　链传动按结构不同划分

四、滚子链的结构

1.单排滚子链的组成

单排滚子链由内链板、外链板、销轴、套筒、滚子五部分组成。

2.单排滚子链的接头

单排滚子链接头的形式有开口销、弹性锁片(弹簧卡片)和过渡链节。其中,偶数链节采用开口销、弹性锁片方式接头,奇数链节采用过渡链节。

过渡链节工作时易产生附加弯曲应力,故一般取偶数链节数。

（a）开口销连接　　　　　　　　（b）弹性锁片连接　　　　　　　（c）过渡链节连接

图 6-10　链的接头

同步练习

一、选择题

1.以下不属于链传动特点的是（　　　）。

　　A.平均传动比准确　　　　　　　　　　B.承载能力大,能在恶劣环境下工作

　　C.传动平稳性差,有噪声　　　　　　　D.过载打滑,能起到安全保护作用

2.在两轴相距较远、工作条件恶劣的环境下传递大功率,宜选（　　　）。

　　A.带传动　　　　　　B.链传动　　　　　　C.齿轮传动　　　　　D.蜗杆传动

3.用于一般机械传动的链传动是（　　　）。

　　A.起重链　　　　　　B.牵引链　　　　　　C.传动链　　　　　　D.齿形链

4.摩托车上应用的链传动是（　　　）。

　　A.起重链　　　　　　B.牵引链　　　　　　C.传动链　　　　　　D.齿形链

5.自动扶梯的传动方式应选择（　　　）。

　　A.链传动　　　　　　B.带传动　　　　　　C.齿轮传动　　　　　D.蜗杆传动

二、判断题

1.链传动是通过链条的链节与链轮轮齿的啮合来传递运动和动力的。　　　　　（　　　）

2.为避免过渡链节工作时产生附加弯曲应力,故滚子链一般取偶数链节数。　（　　　）

3.链传动能在较恶劣的环境下工作。　　　　　　　　　　　　　　　　　　　（　　　）

4.链传动有过载保护作用。　　　　　　　　　　　　　　　　　　　　　　　（　　　）

5.链传动能保证准确的瞬时传动比,所以传动准确可靠。　　　　　　　　　　（　　　）

6.3　齿轮传动

一、齿轮传动的组成和工作原理

1.组成

齿轮传动是由主动齿轮、从动齿轮和机架组成的高副机构。

2.工作原理

齿轮传动靠两齿轮的轮齿啮合来传递运动和动力。

二、齿轮传动的特点

(一)优点

1.瞬时传动比准确。

2.传动效率高,工作可靠,使用寿命较长。

3.能传递任意位置两轴间(平行、相交、交错)的运动和动力等。

(二)缺点

1.运转过程中有振动、冲击和噪声。

2.不能实现无级变速。

3.不宜远距离两轴间的传动。

三、齿轮传动的类型及应用

(一)按齿轮轴线位置分类

1.平行轴间齿轮传动(圆柱齿轮、齿轮齿条)

2.相交轴间齿轮传动(圆锥齿轮)

3.交错轴间齿轮传动(交错轴斜齿轮、双曲线锥齿轮)

  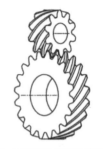

（a）圆柱齿轮传动　　　　（b）圆锥齿轮传动　　　　（c）交错轴斜齿轮传动

图 6-11　齿轮传动的类型

(二)按轮齿方向分类

分为直齿、斜齿、人字齿三种类型。

(三)按啮合情况分类

分为外啮合、内啮合和齿轮齿条啮合传动。

（a）直齿圆柱齿轮传动　　　（b）斜齿圆柱齿轮传动　　　（c）人字齿圆柱齿轮传动

图 6-12　齿轮轮齿方向

（a）外啮合齿轮传动　　　　（b）内啮合齿轮传动　　　　（c）齿轮齿条传动

图 6-13　齿轮啮合情况

(四)按齿轮齿廓曲线分类

分为渐开线齿轮传动、摆线齿轮传动、圆弧齿轮传动和抛物线齿轮传动。其中,渐开线齿轮最常用。

表 6-3 齿轮传动的类型与应用

按轴线位置	类型与应用		
平行轴间齿轮传动	按轮齿方向	直齿圆柱齿轮:中低速、中小载荷的机械传动,如变速箱换档齿轮	
		斜齿圆柱齿轮:需采用向心推力或推力轴承,应用于高速大功率的机械传动	
		人字齿圆柱齿轮:轴向力可抵消,应用于大功率重型机械传动	
	按啮合情况	外啮合:应用于主动轮与从动轮转向相反的场合	
		内啮合:应用于主动轮与从动轮转向相同的场合,常用于行星轮系中	
		齿轮齿条:可实现转动与移动间运动形式转换,常用于溜板箱与床身间运动转换机构中	
相交轴间齿轮传动	用于两相交轴(夹角 90°)之间的传动		
交错轴间齿轮传动	用于两交错轴之间的传动		

四、渐开线齿轮概述

以渐开线作为轮齿两侧齿廓的齿轮称为渐开线齿轮。

(一)渐开线的特性

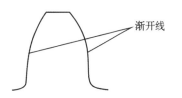

图 6-14 齿轮的渐开线齿廓曲线

1.渐开线的形状取决于基圆大小。同一基圆的渐开线形状相同;基圆越大,渐开线越平直。

基圆半径 $r_b = (mz\cos\alpha)/2$。

2.基圆内无渐开线。

3.渐开线上各点的法线必与基圆相切。

4.渐开线上各点压力角不同,基圆上压力角为 0°,离基圆越远,压力角越大。

(二)渐开线齿轮各部分名称及符号

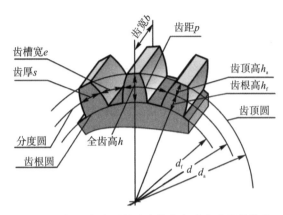

图 6-13　标准直齿圆柱外齿轮各部分名称及其符号

1.三圆:齿顶圆 d_a、齿根圆 d_f、分度圆 d

2.三高:齿顶高 h_a、齿根高 h_f、全齿高 h

3.三距:齿厚 s、齿槽宽 e、齿距 p

(三)渐开线齿轮的基本参数

1.齿数 z

2.模数 m

$$m=\frac{p}{\pi}$$

> 模数是标准值,单位:mm。
> 模数是表明轮齿工作能力的重要标志,
> 模数越大,轮齿越大,承载能力越高。

3.压力角 α

以渐开线齿廓上与分度圆交点处的压力角称为分度圆压力角,简称压力角。

国标规定标准压力角 $\alpha=20°$

注:齿轮分度圆为齿轮上具有标准模数与标准压力角的圆。

4.齿顶高系数 h_a^*

正常齿标准值 $h_a^*=1$,短齿标准值 $h_a^*=0.8$

5.顶隙系数 c^*

正常齿标准值 $c^*=0.25$,短齿标准值 $c^*=0.3$

注:模数、压力角、齿顶高系数与顶隙系数均为标准值,且分度圆的厚与齿槽宽相等的齿轮,则为标准齿轮。

五、标准直齿圆柱齿轮几何尺寸计算

表 6-3 标准直齿圆柱齿轮几何尺寸计算公式

名称	符号	计算公式	名称	符号	计算公式
分度圆直径	d	$d = mz$	全齿高	h	$h = 2.25m$
齿顶圆直径	d_a	$d_a = m(z+2)$	齿顶高	h_a	$h_a = m$
齿根圆直径	d_f	$d_f = m(z-2.5)$	齿根高	h_f	$h_f = 1.25m$
外啮合中心距	a	$a = m(z_1 + z_2)/2$	齿距	p	$p = m\pi$
内啮合中心距	a	$a = m\lvert z_1 - z_2 \rvert/2$	齿厚	s	$s = p/2 = m\pi/2$
基圆直径	d_b	$d_b = d\cos\alpha$	齿槽宽	e	$e = p/2 = m\pi/2$

【例 6-2】 有一标准直齿圆柱齿轮,其模数 $m = 2$ mm,齿数 $z = 30$,试计算齿轮各部分几何尺寸。

解:$d = mz = 2 \times 30 = 60 \text{(mm)}$

$d_a = m(z+2) = 2 \times (30+2) = 64 \text{(mm)}$

$d_f = m(z-2.5) = 2 \times (30-2.5) = 55 \text{(mm)}$

$h = 2.25\,m = 2.25 \times 2 = 4.5 \text{(mm)}$

$h_a = m = 2 \text{ mm}$

$h_f = 1.25\,m = 1.25 \times 2 = 2.5 \text{(mm)}$

$p = m\pi = 2 \times 3.14 = 6.28 \text{(mm)}$

$s = p/2 = 6.28/2 = 3.14 \text{(mm)}$

$e = p/2 = 6.28/2 = 3.14 \text{(mm)}$

六、齿轮传动的传动比

$$i_{12} = \frac{n_1}{n_2} = \frac{z_2}{z_1}$$

式中,n_1,n_2 为主、从动齿轮的转速,单位为 r/min;

z_1,z_2 为主、从动齿轮的齿数。

七、渐开线直齿圆柱齿轮传动的正确啮合条件

一对渐开线直齿圆柱齿轮正确啮合条件:(1)两齿轮的模数必须相等;(2)两齿轮的

压力角必须相等,并且等于标准值。

即 $m_1 = m_2 = m, a_1 = a_2 = a$

八、齿轮根切现象与最少齿数

用展成法加工标准齿轮时,若齿轮的齿数太少,轮齿根部的渐开线齿廓会被部分切去的现象,称为根切。

轮齿被根切后,齿根强度会被削弱,传动精度会降低,传动平稳性会被变差。

为避免根切现象,规定最少齿数如下:

正常齿:$z_{min} \geqslant 17$

短　齿:$z_{min} \geqslant 14$

注:齿轮切削加工方法,按齿轮齿形成形原理分为仿形法与展成法。

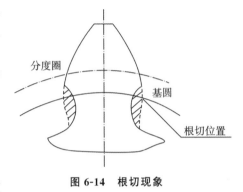

图 6-14　根切现象

1.仿形法(成形法)

仿形法加工齿轮是指在普通铣床上,利用与齿轮齿廓形状相同的成形铣刀进行铣削加工。常用的成形铣刀有盘形齿轮铣刀和指形齿轮铣刀。仿形法加工精度较低,生产率低,常用于齿轮修配和大模数齿轮的单件小批量生产。

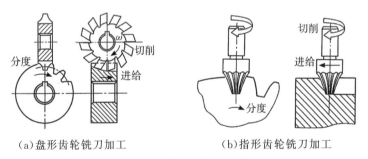

　(a)盘形齿轮铣刀加工　　　　　(b)指形齿轮铣刀加工

图 6-15　仿形法加工齿轮

2.展成法(范成法)

展成法加工齿轮是指利用齿轮的啮合原理进行切削加工的齿轮加工方法。展成法加工齿轮主要有插齿和滚齿。展成法加工精度较高,生产率较高,常用于成批、大量生产。

 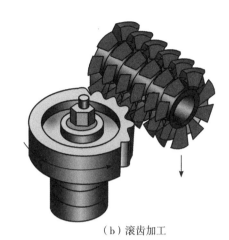

（a）插齿加工　　　　　　　　　　　　　（b）滚齿加工

图 6-16　展成法加工齿轮

九、齿轮的结构

常用圆柱齿轮的结构由轮毂、轮辐和轮缘三部分组成。

圆柱齿轮轮辐的结构按齿顶圆的大小进行分类，可分为：

1.齿轮轴（$d_a < 2d_h$，d_h为轴径，小直径钢制齿轮与轴做成一体）

2.实心齿轮（$d_a \leqslant 200$ mm，常用于锻造毛坯）

3.腹板式齿轮（d_a为 200～500 mm，常用于锻造毛坯）

4.轮辐式齿轮（$d_a > 500$ mm，常用于铸造毛坯）

（a）齿轮轴　　　　　　（b）实心齿轮　　　　　（c）腹板式齿轮　　　　（d）轮辐式齿轮

图 6-17　齿轮轮辐的结构

十、齿轮常见失效形式

1.轮齿折断：在交变弯曲应力下，轮齿根部产生裂纹，裂纹扩展形成疲劳折断。

2.齿面点蚀：齿面在接触应力长时反复作用下，在节线附近首先发生点蚀。

3.齿面磨损：由灰砂、金属屑等进入齿面间引起的磨粒性磨损。

4.齿面胶合：高速重载闭式传动，轮齿啮合区局部温升，较软金属表面划伤撕脱。

5.齿面塑性变形:由于齿面硬度不高,在低速重载、冲击载荷或频繁启动时,在切向摩擦力的相互作用下,主动齿轮的表面被拉出凹槽,从动齿轮的表面被挤压出凸棱。

注:(1)开式传动的主要失效形式有齿面磨损和轮齿折断。

(2)闭式传动软齿面齿轮的主要失效形式有齿面点蚀和轮齿折断。

(3)软齿面齿轮是指齿面硬度≤350HBS的齿轮。

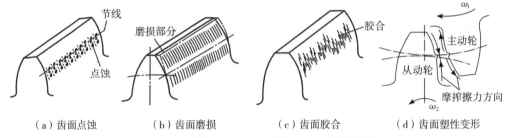

图 6-18 齿面的疲劳点蚀、磨损、胶合及塑性变形

同步练习

一、选择题

1.下列属于齿轮传动优点是(   )。

    A.瞬时传动比恒定   B.安装要求不高

    C.能无级变速   D.远距离传动

2.下列属于平行轴间的齿轮传动是(   )。

    A.直齿圆柱齿轮   B.直齿锥齿轮

    C.斜齿锥齿轮   D.蜗杆传动

3.当相交90°的两轴需要传递运动时,可采用(   )传动。

    A.直齿圆柱齿轮   B.斜齿圆柱齿轮

    C.锥齿轮   D.蜗杆传动

4.采用一对直齿圆柱齿轮传递两平行轴之间的运动时,如果要求两轴转向相反,应采用(   )传动。

    A.内啮合   B.外啮合   C.齿轮齿条   D.蜗轮蜗杆

5.能够实现两轴转向相同的齿轮传动是(   )。

    A.外啮合圆柱齿轮传动   B.内啮合圆柱齿轮传动

    C.锥齿轮传动   D.齿轮齿条传动

6.目前最常用的齿轮的齿廓曲线是(   )。

    A.摆线   B.直线   C.渐开线   D.圆弧

7.齿轮分度圆上的齿距 p 和无理数 π 之比,称为(   )。

    A.传动比   B.模数   C.齿数   D.压力角

8.中国规定的渐开线齿轮的标准压力角 α 是（　　　）。

　　A. 20°　　　　　　B. 25°　　　　　　C. 30°　　　　　　D. 35°

9.直齿圆柱齿轮的基圆直径为（　　　）时,齿轮转化为齿条。

　　A. $d=100$　　　B. $d=1000$　　　C. $d=\infty$　　　D. $d=0$

10.一对渐开线直齿圆柱齿轮传动正确啮合条件是（　　　）。

　　A. $m_1=m_2=m$ ，$\alpha_1=\alpha_2=\alpha$　　　　B. $m_1<m_2$ ，$\alpha_1<\alpha_2$

　　C. $m_1>m_2$ ，$\alpha_1>\alpha_2$　　　　　　　　D. $m_1<m_2$ ，$\alpha_1>\alpha_2$

11.正常齿制渐开线标准直齿圆柱齿轮不发生根切的条件是齿数不少于（　　　）。

　　A. 16　　　　　　B. 17　　　　　　C. 18　　　　　　D. 19

12.当标准渐开线直齿圆柱齿轮的齿数 $z<17$ 时,按范成法加工将出现（　　　）。

　　A.轮齿被切断现象　B.根切现象　　　C.刀具折断现象　　D.齿轮无法加工现象

13.闭式齿轮传动中（润滑良好的密封箱内）,软齿面齿轮的主要失效形式是（　　　）。

　　A.齿面磨损　　　　　　　　　　B.齿面胶合

　　C.齿面塑性变形　　　　　　　　D.齿面疲劳点蚀

14.在润滑条件差的开式齿轮传动中主要的失效形式是（　　　）。

　　A.齿面磨损　　　B.齿面点蚀　　　C.齿面胶合　　　D.轮齿塑性变形

15.一齿轮传动,主动轴转速为 1200 r/min,主动轮齿数为 20,从动轮齿数为 30。从动轮转速为（　　　）。

　　A. 1800 r/min　　B. 800 r/min　　C. 60 r/min　　　D. 40 r/min

16.一对外啮合的标准直齿圆柱齿轮,中心距 $a=160$ mm,齿轮的齿距 $p=12.56$ mm,传动比 $i=3$,则两齿轮的齿数和为（　　　）。

　　A. 60　　　　　　B. 80　　　　　　C. 100　　　　　　D. 120

二、判断题

1.目前最常用的齿廓曲线是渐开线。　　　　　　　　　　　　　　　　（　　　）

2.齿轮的轮齿形状与齿数无关。　　　　　　　　　　　　　　　　　　（　　　）

3.齿轮的轮齿形状与压力角有关。　　　　　　　　　　　　　　　　　（　　　）

4.齿轮传动与摩擦传动一样,可以不停车进行变速与变向。　　　　　　（　　　）

5.齿条的形状是直线状,故不属于渐开线齿轮一类。　　　　　　　　　（　　　）

6.模数是决定齿轮齿形大小的一个基本参数,它是无单位的。　　　　　（　　　）

7.模数 m 反映了齿轮轮齿大小,模数越大,轮齿越大,齿轮的承载能力越小。（　　　）

8.对于标准渐开线圆柱齿轮,分度圆上的齿厚和齿槽宽相等。　　　　　（　　　）

9.不论采用何种加工方法切制标准齿轮,当齿数太少,都将发生根切现象。（　　　）

10.在开式齿轮传动中,齿面点蚀是主要的失效形式。　　　　　　　　（　　　）

三、连线题

1.请将所给传动类型与传动特点用线条进行一一对应连接。

传动类型	传动特点
带传动	平均传动比准确,能在较恶劣的环境下工作
链传动	瞬时传动比准确
齿轮传动	存在弹性滑动,传动比不准确

2.请将下列齿轮传动的类型与对应的图形用线条进行一一对应连接。

传动类型	传动图形

交错轴齿轮传动

平行轴齿轮传动

相交轴齿轮传动

五、计算题

1.一对外啮合的标准直齿圆柱齿轮,已知 $z_1=21$,$z_2=63$,模数 $m=4$ mm,试计算这对齿轮的传动比 i、分度圆直径 d、齿顶圆直径 d_a、齿根圆直径 d_f 和中心距 a。

2.已知一渐开线标准外啮合直齿圆柱齿轮的中心距 $a = 200$ mm,其中一个丢失,测得另一个齿轮的齿顶圆直径 $d_{a1} = 80$ mm,齿数 $z_1 = 18$,试求丢失齿轮的齿数 z_2、分度圆直径 d_2 及齿根圆直径 d_{f2} 的数值。

3.一对标准直齿圆柱齿轮传动,大齿轮损坏,要求配制新的齿轮。通过测量得到大齿轮齿根圆直径 $d_{f2} = 276$ mm,齿数 $z_2 = 37$,和它匹配的小齿轮齿数 $z_1 = 17$。试求:模数 m、大齿轮齿顶圆直径 d_{a2}、分度圆直径 d_2 和中心距 a。

6.4　蜗杆传动

一、蜗杆传动的组成和工作原理

蜗杆传动由蜗杆、蜗轮和机架组成,通过蜗杆与蜗轮啮合,传递空间两交错轴间(通常交错角为 90°)的运动与动力。

二、蜗杆传动的特点

1.优点:传动比大,结构紧凑,传动平稳,可以自锁(蜗杆为主动件)。

2.缺点:效率较低,蜗轮材料较贵。

三、蜗杆传动的类型

1.根据蜗杆形状分类,蜗杆传动可分为圆柱蜗杆传动、圆弧面蜗杆传动和锥面蜗杆传动。

2.按蜗杆齿形分类,普通圆柱蜗杆传动可分为阿基米德蜗杆传动、渐开线蜗杆传动、法向直廓蜗杆传动和锥面包络蜗杆传动等。其中应用最广的是阿基米德蜗杆传动。

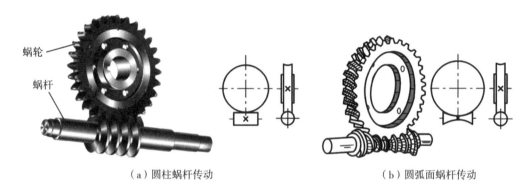

（a）圆柱蜗杆传动 　　　　　　　　　　　　（b）圆弧面蜗杆传动

图 6-19　蜗杆传动

四、蜗杆传动的应用

适用于传动比大、传递功率不大(一般不超过 50kW)的机械上,如蜗杆减速器、卷扬机传动系统、滚齿机传动系统中都采用蜗杆传动。蜗杆传动常用于减速传动。

五、蜗杆传动的传动比

$$i_{12} = \frac{n_1}{n_2} = \frac{z_2}{z_1}$$

式中,n_1、n_2 为主动轮和从动轮的转速,单位为 r/min;

z_1 为蜗杆头数,常取 1、2、4、6。

要求大传动比及自锁的蜗杆传动 $z_1 = 1$。

要求为提高传动效率,$z_1 \geqslant 2$,但加工难度增加。

z_2 为蜗轮齿数,过少会产生切齿干涉,常取 29~80。

六、蜗杆传动的转向判定

右旋蜗杆用右手,左旋蜗杆用左手,如图 6-20 所示。

四指弯曲方向:蜗杆的旋转方向。

大拇指的反方向:蜗轮的圆周速度方向。

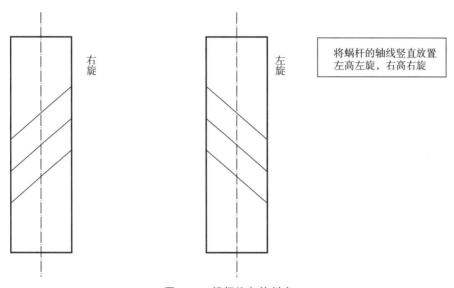

将蜗杆的轴线竖直放置
左高左旋，右高右旋

图 6-20　蜗杆旋向的判定

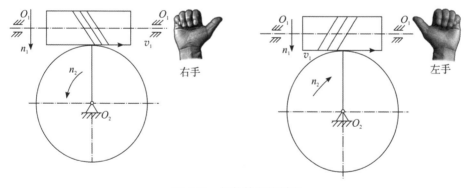

图 6-21　蜗轮转向的判定

同步练习

一、选择题

1.蜗杆传动是用来传递空间两( )轴之间的运动和动力。

　A.平行　　　　　　　B.相交　　　　　　　C.交错　　　　　　　D.任意两轴

2.在蜗杆传动中,蜗杆与蜗轮的轴线位置在空间一般交错成(　　)。

  A. 30°   B. 45°   C. 90°   D. 120°

3.与齿轮传动相比,不能作为蜗杆传动的主要优点是(　　)。

  A.传动效率高   B.可自锁有安全保护作用

  C.传动比大,结构紧凑   D.传动平稳无噪音

4.下列传动类型中,单级传动比最大的传动是(　　)。

  A.带传动   B.直齿轮传动 C.斜齿轮传动 D.蜗杆传动

5.蜗杆传动中要求传动比较大时,蜗杆头数宜取(　　)。

  A. 1   B. 2   C. 4   D. 6

二、判断题

1.蜗杆传动的传动比是蜗轮齿数与蜗杆头数之比。   (　　)

2.蜗杆传动与齿轮传动相比,能够获得更大的单级传动比。   (　　)

3.在蜗杆传动中,主动件一定是蜗杆,从动件一定是蜗轮。   (　　)

4.蜗杆传动具有自锁功能,只能是蜗杆带动蜗轮,反之则不能转动。 (　　)

5.蜗杆传动的转向判定中四指弯曲方向为蜗轮的旋转方向。   (　　)

6.5　齿轮系

一、齿轮系的类型与应用

由一系列相互啮合的齿轮组成的传动装置称为齿轮系。齿轮系有如下两种基本类型:

1.定轴轮系

定轴轮系是指所有齿轮的轴线位置相对于机架固定不动的轮系。如图6-22所示。
定轴轮系主要应用于车床主轴箱、汽车减速器,可使机械实现变速和换向功能。

2.周转轮系

周转轮系是指至少有一个齿轮轴线绕另一个齿轮的固定轴线回转的轮系,即轮系中至少有一个行星轮(既有自转又有公转)。如图6-23所示。

周转轮系包括差动轮系和行星轮系等。差动轮系可进行运动合成,广泛应用于机床、计算机构装置中。

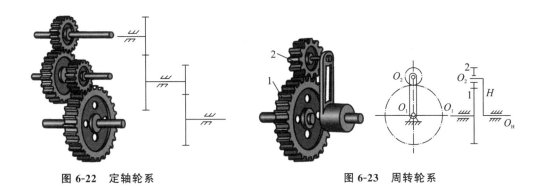

图 6-22　定轴轮系　　　　　　　　　　　图 6-23　周转轮系

二、齿轮系传动的特点

1.可获得很大的传动比。

2.可做较远距离的传动,且结构紧凑。

3.可实现变速和变向要求。

4.可实现合成或分解运动。

注:前 3 点为定轴轮系的优点,第 4 点为周转轮系优点。

三、定轴轮系的传动比计算

齿轮系传动比是指轮系中首、末两轮的角速度或转速之比,等于轮系中各级齿轮传动比的连乘积。用符号 i_{1k} 表示,其右下角标表示对应的两齿轮。

齿轮系传动比的计算包括两个内容:(1)计算传动比的大小;(2)确定各轮的转转向。

(一)传动比的大小

$$i_{1k} = \frac{n_1}{n_k} = \frac{\text{所有从动轮齿数的连乘积}}{\text{所有主动轮齿数的连乘积}}$$

(二)各轮转向判定

1.正负号法(只适合平行轴定轴轮系)

(1)一对齿轮传动,外啮合反向取负号,内啮合同向取正号。

(2)轮系的正负号取决于外啮合齿轮的对数 m。如果 m 为奇数,i_{1k} 为负号,则齿轮 1 与齿轮 k 的转向相反;如果 m 为偶数,i_{1k} 为正号,则齿轮 1 与齿轮 k 的转向相同。

2.箭头法(平行轴与非平行轴轮系均适合)

(1)外啮合圆柱齿轮:两箭头反向。

(2)内啮合圆柱齿轮:两箭头同向。

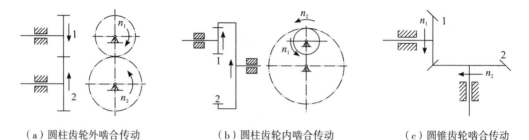

（a）圆柱齿轮外啮合传动　　　　（b）圆柱齿轮内啮合传动　　　（c）圆锥齿轮啮合传动

图 6-24　定轴轮系中各齿轮转向的箭头标示方法

(3)同轴:两箭头同向。

(4)圆锥齿轮:两箭头同时指向或同时离开啮合点。

(5)蜗杆传动:右旋蜗杆用右手,左旋蜗杆用左手;四指弯曲方向为蜗杆转向,大拇指的反方向为蜗轮的圆周速度方向。

四、惰轮

在轮系中既是从动轮又是主动轮,对总传动比不影响,仅起传动和改变转向的齿轮,称为惰轮。如图 6-25 中的轮 4。

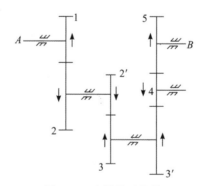

图 6-25　定轴轮系惰轮

【例 6-3】　如图 6-26 所示,有一定轴轮系,已知 $z_1=15$,$z_2=25$,$z_2'=z_4=14$,$z_3=24$,$z_4'=20$,$z_5=24$,$z_6=40$,$z_7=2$,$z_8=60$。如果 $n_1=800$ r/min,其转向如图所示,试计算该定轴轮系的传动比 i_{18}、蜗轮 8 的转速和转向。

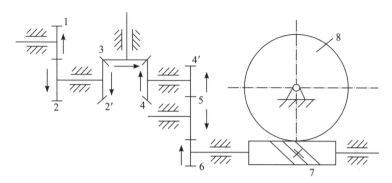

图 6-26　非平行轴的定轴轮系

解：

$(1) i_{18} = \dfrac{n_1}{n_8} = \dfrac{z_2 z_3 z_4 z_5 z_6 z_8}{z_1 z_2' z_3 z_4' z_5 z_7} = \dfrac{25 \times 24 \times 14 \times 24 \times 40 \times 60}{15 \times 14 \times 24 \times 20 \times 24 \times 2} = 100$

$(2) n_8 = \dfrac{n_1}{i_{18}} = \dfrac{800}{100} = 8 (\mathrm{r/min})$

(3)各轮的转向如图所示,蜗轮 8 的转向是逆时针方向。

同步练习

一、选择题

1.不属于定轴轮系的传动特点的是(　　)。

　A.可获得很大的传动比　　　　　　　B.可做较远距离的传动

　C.可实现变速和变向要求　　　　　　D.可实现合成或分解运动

2.以下关于传动知识描述正确的是(　　)。

　A.所有的带传动都是依据摩擦力实现传递运动和动力的

　B.只要两个齿轮的模数相等,就一定能相啮合

　C.蜗轮蜗杆传动最主要的特点之一是传动效率高

　D.定轴轮系既能实现转动方向的改变,也能现实转速的改变

3.齿轮系中,(　　)的转速之比称为齿轮系的传动比。

　A.末轮与首轮　　　　　　　　　　　B.首轮与末轮

　C.主动轮与从动轮　　　　　　　　　D.大轮与小轮

4.在轮系中,对总传动比没有影响,起改变输出轴旋转方向的是(　　)。

　A.惰轮　　　　　　B.蜗轮　　　　　　C.链轮　　　　　　D.带轮

5.定轴轮系的传动比大小与齿轮系中的惰轮的齿数(　　)。

　A.有关　　　　　　B.无关　　　　　　C.成正比　　　　　　D.不一定

二、判断题

1.轮系可实现变速、换向要求,在减速器中得到广泛应用。　　　　　　　　(　　)

2.在定轴轮系中,每个齿轮的几何轴线位置是不固定的。　　　　　　　　(　　)

3.定轴轮系不可以把旋转运动变为直线运动。 （　　）

4.轮系中使用惰轮，既可变速又可换向。 （　　）

5.平行定轴轮系中有奇数对外啮合直齿圆柱齿轮,则首末两轮转向相反。 （　　）

三、计算题

1.如图所示,已知:$z_1=18$,$z_2=36$,$z_3=20$,$z_4=40$,蜗杆 $z_5=2$,蜗轮 $z_6=40$。$n_1=800$ r/min。试求传动比 i_{16}、蜗轮的转速 n_6 并确定各轮的回转方向。

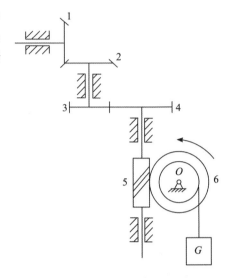

2.如图所示定轴轮系中,已知各轮齿数 $z_1=z_2'=z_3'=18$,$z_2=36$,$z_3=54$,$z_4=36$,$z_6=20$ 及蜗杆头数 $z_5=2$。若 $n_1=1200$ r/min,试求末轮 6 的转速 n_6,并用箭头在图上标明各齿轮的回转方向。

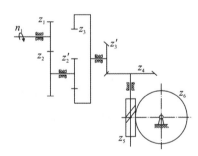

3.如图所示定轴轮系中,已知:$z_1=30$,$z_2=60$,$z_3=20$,$z_4=40$,$z_5=1$,$z_6=40$,$n_1=1600$ r/min,试求轮系传动比 i_{16},并计算轮 6 的转速大小并判断各轮的转向。

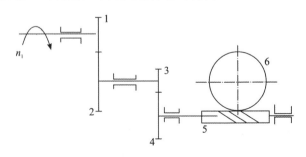

第 7 章　支承零部件

序号	考核要点	分值比例(约占)
1	理解轴的分类、材料、结构和应用	
2	掌握滚动轴承的类型、特点及应用	10%
3	了解滚动轴承的内径代号	

7.1　轴

一、轴的作用

轴是用来支撑机器中的旋转零件,可传递转矩和运动。

二、轴的分类

(一)按承载情况分类

1.心轴

支撑传动零件,只承受弯矩,不传递转矩,即 $M \neq 0, T = 0$。图 7-1 所示分别为固定心轴和转动心轴。

（a）固定心轴：自行车前轮轴　　　　　　（b）转动心轴：火车车轮轴

图 7-1　心轴

2.转轴

工作时既承受弯矩又承受扭矩，既起支撑作用又起传递动力作用，是机器中最常用的一种轴，即 $M \neq 0$，$T \neq 0$。图 7-2 所示为减速器齿轮轴。

3.传动轴

工作时只承受扭矩，不承受弯矩或者承受很小的弯矩，仅起传递动力作用，即 $M \approx 0$，$T \neq 0$。图 7-3 所示为汽车传动轴。

图 7-2　减速器齿轮轴　　　　　　图 7-3　汽车传动轴

（二）按轴线的形状分类

1.直轴

直轴是指轴线为一直线的轴，如图 7-4 和图 7-5 所示，分别为等径轴和阶梯轴。等径轴的形状简单，加工方便；阶梯轴的各个截面直径不等，便于零件的安装和固定，应用广泛。

图 7-4　等径轴

图 7-5　阶梯轴

2.曲轴

曲轴是内燃机、曲柄压力机等机器上的专用零件,可用于回转运动和直线往复运动之间的转换,如图 7-6 所示。

3.钢丝软轴

钢丝软轴可以把回转运动和转矩灵活地传递到不同的位置,应用于连续振动的场合以缓和冲击,如图 7-7 所示。

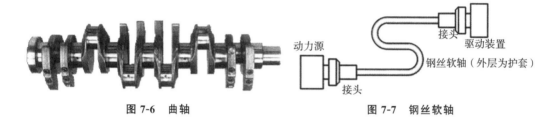

图 7-6　曲轴

图 7-7　钢丝软轴

三、轴的常用材料

轴的功用主要是承受弯矩和扭矩,轴的失效形式是疲劳断裂、振动折断、弹性变形过大等,因此轴的材料应具有足够的强度、韧性和耐磨性,材料的热处理性能和加工工艺性好,材料来源广,价格适中。常用材料如下:

1.碳素钢:如 45 号钢、Q235、Q275 等。

2.合金钢:如 20Cr、20CrMnTi、20CrMoV、38CrMoAl 等。

3.球墨铸铁

四、轴的结构

(一)轴的组成

如图 7-8 所示,轴上各段按其作用可分为:

1.轴头:与传动零件或联轴器、离合器相配的部分。

2.轴颈:与轴承相配的部分。

3.轴身:连接轴头和轴颈之间的部分。

4.轴肩:用做零件轴向固定的台阶部分。

5.轴环:环形部分,用于零件的轴向定位。

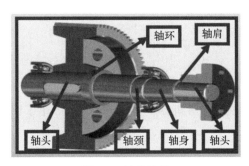

图 7-8　轴的结构

轴的结构应满足三个方面的要求:

(1)轴上零件固定可靠。

(2)便于轴的加工,尽量减小或避免应力集中。

(3)便于轴上零件的拆卸。

(二)轴上零件的定位与固定

1.轴上零件的轴向定位与固定

目的:保证零件在轴上有确定的轴向位置,防止零件作轴向移动,并能承受轴向力。

常用的固定方式有:轴肩、轴环、套筒、圆螺母与止动垫圈、弹性挡圈和紧定螺钉、轴端挡圈、圆锥面等,如图 7-9 所示。

2.周向定位与固定

目的:保证轴能可靠地传递运动和转矩,防止轴上零件与轴产生相对转动。

常用的固定方式有键连接(平键和花键)、销连接、过盈配合连接、圆锥销连接、成形连接、弹性环连接等,如图 7-10 所示。

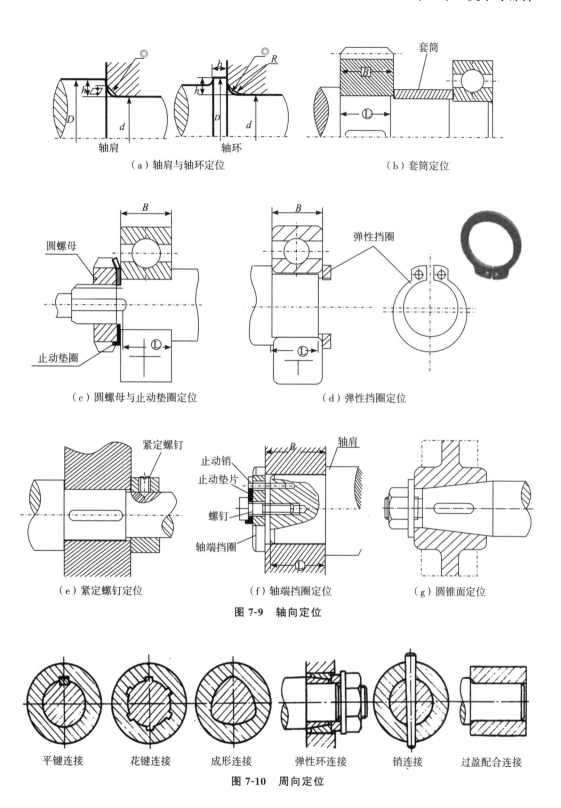

（a）轴肩与轴环定位

轴肩　　　　轴环

（b）套筒定位

套筒

圆螺母

止动垫圈

（c）圆螺母与止动垫圈定位

弹性挡圈

（d）弹性挡圈定位

紧定螺钉

（e）紧定螺钉定位

止动销

止动垫片

螺钉

轴端挡圈

轴肩

（f）轴端挡圈定位

（g）圆锥面定位

图 7-9　轴向定位

平键连接　　　花键连接　　　成形连接　　　弹性环连接　　　销连接　　　过盈配合连接

图 7-10　周向定位

135

同步练习

一、选择题

1.自行车前轮轴属于(　　　　)。

　　A.曲轴　　　　　　　　B.传动轴　　　　　　C.心轴　　　　　　　　D.转轴

2.轴肩与轴环的作用(　　　　)。

　　A.对零件轴向定位和固定　　　　　　B.对零件进行周向固定

　　C.使轴外形美观　　　　　　　　　　D.有利于轴的加工

3.将轴的结构设计成阶梯形的主要目的是(　　　　)。

　　A.便于轴的加工　　　　　　　　　　B.装拆零件方便

　　C.提高轴的刚度　　　　　　　　　　D.为了外形美观

4.下列轴中,属于转轴的是(　　　　)。

　　A.自行车前轮轴　　　　　　　　　　B.减速器中的齿轮轴

　　C.汽车的传动轴　　　　　　　　　　D.铁道车辆车轮轴

5.轴主要由(　　　　)三部分组成。

　　A.轴颈、轴肩、轴身　　　　　　　　B.轴颈、轴头、轴身

　　C.轴颈、轴头、轴环　　　　　　　　D.轴头、轴环、轴身

6.下列轴中,只承受弯矩的是(　　　　)。

　　A.传动轴　　　　　　B.转轴　　　　　　　C.心轴　　　　　　　　D.直轴

7.轴结构中安装轴承的结构称为(　　　　)。

　　A.轴头　　　　　　　　　　　　　　B.轴颈

　　C.轴身　　　　　　　　　　　　　　D.轴肩或轴环

8.能对轴上零件起轴向定位作用的是(　　　　)。

　　A.过盈配合　　　　　　　　　　　　B.普通平键

　　C.轴肩和轴环　　　　　　　　　　　D.导向平键

9.按轴线形状的不同,轴可分为(　　　　)。

　　A.转轴和传动轴　　　　　　　　　　B.直轴和曲轴

　　C.传动轴和心轴　　　　　　　　　　D.转轴和心轴

10.只传递运动和动力,不起支承作用的轴叫(　　　　)。

　　A.转动心轴　　　　　B.固定心轴　　　　　C.传动轴　　　　　　　D.转轴

11.在机床设备中,最常用的轴是(　　　　)。

　　A.心轴　　　　　　　B.转轴　　　　　　　C.曲轴　　　　　　　　D.传动轴

12.减速器中的轴是(　　　　)。

　　A.固定心轴　　　　　B.转动心轴　　　　　C.传动轴　　　　　　　D.转轴

13.工作时,仅承受弯矩而不传递转矩是( )。

A.转轴 B.心轴 C.传动轴 D.阶梯轴

14.在轴上支承传动零件的部分称为( )。

A.轴颈 B.轴头 C.轴身 D.轴环

15.由几层紧贴在一起的钢丝构成,可将扭矩灵活地传到任意位置,称为( )。

A.直轴 B.曲轴

C.挠性钢丝轴 D.阶梯轴

二、判断题

1.传动系统中的传动轴会产生扭转变形。 ( )

2.轴肩、轴环均可作为轴上零件与轴之间的周向固定。 ( )

3.按轴的外部形状不同,轴可以分为心轴、传动轴和转轴三种。 ( )

4.既承受弯矩又承受转矩作用的轴是传动轴。 ( )

5.传动轴在工作时只传递转矩而不承受或仅承受很小的弯曲载荷作用。 ( )

6.最常用来制造轴的材料是铸铁。 ( )

7.既承受弯矩又承受转矩的轴称为转轴。 ( )

8.按轴的外形不同,可以分为直轴和曲轴。 ( )

9.轴上零件常用的周向定位方法有键、花键、过盈配合和紧定螺钉等。 ( )

10.零件在轴上的固定包括轴向固定和周向固定,轴肩可作周向固定。 ( )

11.轴端面倒角的主要作用是便于轴上零件的安装与拆卸。 ( )

12.曲轴只能用来将回转运动转变为直线往复运动。 ( )

三、连线题

1.请将轴的类型和轴的受力特点用线条进行一一对应连接。

轴类型	受力特点
心轴	只受扭矩
转轴	只受弯矩
传动轴	即受扭矩又受弯矩

2.请将下列生活中轴的实例和轴的类型用线条进行一一对应连接。

轴类型	实例
心轴	汽车方向盘的轴
转轴	减速器上的轴
传动轴	自行车的前轮轴

3.请将轴的类型和轴的特点用线条进行一一对应连接。

轴类型	特点
直轴	由钢丝把扭矩和旋转运动绕过障碍传送到所需位置
曲轴	具有几根不重合的轴线
软轴	轴各段具有同一回转中心线

7.2　滚动轴承

一、滚动轴承的功用

滚动轴承是支撑转动的轴及轴上的零件,使转动件和固定件之间减少摩擦,使摩擦阻力由较大的滑动摩擦阻力转变为较小的滚动摩擦阻力,使轴的转动轻快且没有噪音。

二、滚动轴承的结构

滚动轴承通常由内圈、外圈、滚动体和保持架等组成,如图 7-11 所示。常见滚动体类型如图 7-12 所示。

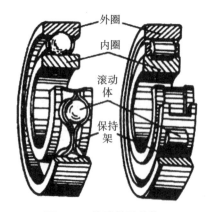

图 7-11　滚动轴承结构

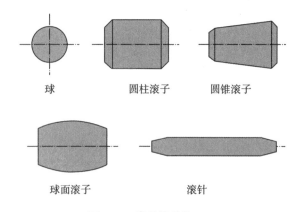

图 7-12　常见滚动体

三、滚动轴承的类型

1.按滚动体的形状,分为球轴承和滚子轴承。

2.按可承受的外载荷,分为向心轴承(承受径向载荷)、推力轴承(承受轴向载荷)、向心推力轴承(承受径向载荷和轴向载荷)。

四、滚动轴承的特点

(一)优点

1.起动力矩小,可在负载下起动。

2.径向游隙较小,运动精度高。

3.轴向宽度较小。

4.可同时承受径向、轴向载荷。

5.便于密封,易于维护。

6.标准件,成本低。

(二)缺点

1.承受冲击载荷能力差,振动、噪音较大。

2.径向尺寸较大,不适合特殊场合。

五、滚动轴承的类型代号和内径代号

1. 类型代号

表 7-1　滚动轴承的类型代号

代号	轴承类型	代号	轴承类型
0	双列角接触球轴承	5	推力球轴承
1	调心球轴承	6	深沟球轴承
2	调心滚子轴承和推力滚子轴承	7	角接触球轴承
3	圆锥滚子轴承	8	推力圆柱滚子轴承
4	双列深沟球轴承	N	圆柱滚子轴承

2. 内径代号

内径代号一般由两位数字表示,并紧接在尺寸系列代号之后注写,如表 7-2 所示。

表 7-2　内径 $d \geqslant 10$ mm 的滚动轴承内径代号

内径代号(两位数)	00	01	02	03	04～99
轴承内径(mm)	10	12	15	17	代号×5

注:

(1)例如:08 表示轴承内径 $d=8 \times 5$ mm$=40$ mm。

(2)内径 $d=22$ mm、28 mm、32 mm 及 $d \geqslant 500$ mm 的轴承,内径代号查手册。

六、滚动轴承的应用

(一)滚动轴承类型的选用

滚动轴承类型的选用应综合考虑以下因素:

1.轴承所受载荷的大小。

2.轴承所受载荷的方向和性质。

3.轴承的转速。

4.支撑刚度及结构状况。

5.经济、合理且满足使用要求。

(二)滚动轴承的安装、润滑与密封

1.滚动轴承的固定

滚动轴承的内圈装在被支撑轴的轴颈上,外圈装在轴承座(或机座)孔内。轴承内圈的轴向固定通常用轴肩或套筒定位,适当选用轴端挡圈、圆螺母或轴用弹性挡圈等结构。轴承外圈的轴向固定通常用座孔台肩定位,适当选用轴承端盖或孔用弹性挡圈等结构。

2.滚动轴承的密封

密封的目的,是为了防止灰尘、水分、杂质等侵入轴承并阻止润滑剂的流失,常用的密封方式有接触式密封和非接触式密封。

3.滚动轴承的润滑

润滑的目的,是为了减少摩擦阻力、降低磨损、缓冲吸振、冷却和防锈。常用的润滑方式有脂润滑、油润滑和固体润滑。

同步练习

一、选择题

1.深沟球轴承主要应用的场合是(　　)。

 A.有较大的冲击   B.同时承受较大的轴向载荷和径向载荷

 C.长轴或变形较大的轴   D.主要承受径向载荷且转速较高

2.有一深沟球轴承,其型号是 61115,其内径尺寸是(　　)。

 A. 115   B. 75   C. 60   D. 15

3.代号为 6308 的滚动轴承,其内径为(　　)。

 A. 308 mm B. 630 mm C. 40 mm D. 8 mm

4.只能承受径向载荷的是(　　)。

 A.深沟球轴承   B.调心球轴承

 C.圆锥滚子轴承   D.圆柱滚子轴承

5.代号为 36215 的滚动轴承的轴承类型为(　　)。

 A.单列向心球轴承   B.单列向心滚子轴承

 C.单列向心推力球轴承   D.单列圆锥滚子轴承

6.滚动轴承内圈通常装在轴颈上,与轴(　　)转动。

 A.一起   B.相对   C.反向   D.分开

7.可同时承受径向载荷和轴向载荷,一般成对使用的滚动轴承是(　　)。

 A.深沟球轴承   B.圆锥滚子轴承

 C.推力球轴承   D.调心滚子轴承

8.主要承受径向载荷,外圈内滚道为球面,能自动调心的滚动轴承是(　　)。

 A.角接处球轴承   B.调心球轴承

 C.深沟球轴承   D.推力球轴承

9.主要承受径向载荷,也可同时承受少量双向轴向载荷,应用最广泛的滚动轴承是(　　)。

 A.推力球轴承 B.圆柱滚子轴承 C.深沟球轴承   D.角接触球轴承

10.圆锥滚子轴承承载能力与深沟球轴承相比,其承载能力(　　)。

 A.大   B.小   C.相同   D.不定

11.实际工作中,若轴的弯曲变形大,或两轴承座孔德同心度误差较大时,应选用(　　)。

 A.调心球轴承   B.推力球轴承

 C.深沟球轴承   D.圆柱滚子轴承

12.滚动轴承公差等级分为(　　)。

 A.四级   B.五级   C.六级   D.七级

二、判断题

1.6210 深沟球轴承代号中的 2 表示内径。 （　　）

2.推力滚动轴承仅能承受轴向载荷。 （　　）

3.滚动轴承在安装时,外圈与机座或轴承孔内固定不动,内圈与轴颈一起转动。

（　　）

4.滚动轴承 6203 的公称直径为 15 mm。 （　　）

5.滚动轴承的材料选用碳素钢。 （　　）

6.与滚动轴承配合的轴肩高度应小于滚动轴承的内圈高度。 （　　）

7.调心球轴承不允许成对使用。 （　　）

8.滚动轴承具有摩擦阻力小、起动灵敏、效率高和易于互换等优点。 （　　）

9.滚动轴承按其所能承受的载荷方向不同分为向心轴承和推力轴承。 （　　）

10.轴承代号 6208 中的数字"8"表示轴承类型代号。 （　　）

三、连线题

请将轴承类型和轴承基本特性用线条进行一一对应连接。

轴承类型	基本特性
圆锥滚子轴承	仅受径向载荷
圆柱滚子轴承	仅受轴向载荷
推力球轴承	受较大的径向和轴向载荷

附一　综合模拟试卷

综合模拟试卷(一)
(本试卷分卷Ⅰ和卷Ⅱ两部分)

卷Ⅰ部分
(考试时间:90分钟,满分:150分)

一、单项选择题(本大题共24小题,每小题3分,共72分)

1.下列属于机器的是( )。

  A.台虎钳　　　　　B.千斤顶　　　　　C.数控车床　　　　D.百分表

2.作用力和反作用力是( )。

  A.平衡的　　　　　B.不能平衡　　　　C.没关系　　　　　D.以上说法都对

3.墙体对钉在上面的钉子的约束是( )。

  A.柔性约束　　　　　　　　　　　B.光滑面约束

  C.铰链约束　　　　　　　　　　　D.固定端约束

4.作用在一个物体上的同一点的两个力:$F_1=10$ N,$F_2=15$ N,当他们的合力为 5 N 时,这两个力之间的夹角是( )。

  A. 0°　　　　　　　B. 90°　　　　　　C. 180°　　　　　D. 270°

5.用来传递动力或转矩的销称为( )。

  A.定位销　　　　　B.连接销　　　　　C.安全销　　　　　D.圆锥销

6. M15×1.5 是( )。

  A.普通粗牙螺纹　　　　　　　　　B.普通细牙螺纹

  C.管螺纹　　　　　　　　　　　　D. M 型螺纹

7.在螺栓连接中,属于机械防松的方法是( )。

  A.焊接　　　　　　B.双螺母　　　　　C.开口销　　　　　D.粘结剂

8.连接件之一较厚而且需要经常拆装,通常采用(　　　)。

　　A.螺栓连接　　　　　　　　　　B.双头螺柱连接

　　C.螺钉连接　　　　　　　　　　D.紧定螺钉连接

9. Tr36×12(P6)-7H 螺纹的线数和旋向是(　　　)。

　　A.单线、左旋　　　B.双线、左旋　　　C.单线、右旋　　　D.双线、右旋

10.汽车车窗雨刮器的机构是(　　　)。

　　A.曲柄摇杆机构　　　　　　　　B.双曲柄机构

　　C.双摇杆机构　　　　　　　　　D.曲柄滑块机构

11.在铰链四杆机构中不与机架相连杆件是(　　　)。

　　A.连杆　　　　　B.曲柄　　　　　C.摇杆　　　　　D.机架

12.平面连杆机构的急回特性系数为(　　　)。

　　A. $K=0$　　　　B. $K=0.5$　　　　C. $K=1$　　　　D. $K>1$

13.曲柄摇杆机构中曲柄的长度(　　　)。

　　A.最长　　　　　　　　　　　　B.最短

　　C.大于摇杆的长度　　　　　　　D.大于机架的长度

14.下列机构中具有急回特性的是(　　　)。

　　A.曲柄摇杆机构　　　　　　　　B.双曲柄机构

　　C.双摇杆机构　　　　　　　　　D.对心曲柄滑块机构

15.传动要求速度较低,精度较准,承载能力不大的场合常应用的从动件形式为(　　　)。

　　A.尖顶式　　　　B.滚子式　　　　C.平底式　　　　D.曲面式

16.在 V 带传动中,张紧轮应置于(　　　)处。

　　A.松边内侧,且靠近小带轮　　　　B.紧边内侧,且靠近大带轮

　　C.松边内侧,且靠近大带轮　　　　D.紧边内侧,且靠近小带轮

17.链传动适用的传动形式为(　　　)。

　　A.两平行轴　　　B.两垂直轴　　　C.两交错轴　　　D.两相交轴

18.一对齿轮正确啮合,一定相切的是(　　　)。

　　A.齿顶圆　　　　B.齿根圆　　　　C.基圆　　　　　D.分度圆

19.一对齿轮正确啮合,他们的(　　　)一定相等。

　　A.直径　　　　　B.齿宽　　　　　C.模数　　　　　D.齿数

20.轮系的传动比大小与轮系中的惰轮的齿数(　　　)。

　　A.成正比　　　　B.成反比　　　　C.无关　　　　　D.两倍

21.某工厂新购进一批代号为 30310 的滚动轴承,其内径为(　　　)。

　　A. 10 mm　　　　B. 20 mm　　　　C. 50 mm　　　　D. 100 mm

22.既支撑回转零件又传递动力的轴称为(　　　)。

　　A.心轴　　　　　B.转轴　　　　　C.传动转　　　　D.台阶轴

23.可以同时承受较大的轴向载荷和径向载荷的轴承(　　)。

A.向心轴承 　　　　　　　　　B.推力轴承

C.向心推力轴承 　　　　　　　D.推力转动轴承

24.轴端倒角是为了(　　)。

A.装配方便 　　　　　　　　　B.便于加工

C.减小应力集中 　　　　　　　D.便于轴上零件的定位

二、判断题(本大题共 15 小题,每小题 3 分,共 45 分)

1.排气扇只有原动机部分和执行部分,所以不属于机器。　　　　　　(　　)

2.二力杆件受两力作用而平衡,所以一定是直杆。　　　　　　　　　(　　)

3.正火对性能要求不高零件,可代替调质处理。　　　　　　　　　　(　　)

4.退火可消除钢中的残余应力,防止变形和开裂。　　　　　　　　　(　　)

5.两个互相配合的螺纹,它们的旋向相同。　　　　　　　　　　　　(　　)

6.机构处于死点位置只有害处无益处。　　　　　　　　　　　　　　(　　)

7.带传动一般下边为紧边,上边为松边。链传动也一样。　　　　　　(　　)

8.轮系的惰轮,可为前级的从动轮,又是后级的主动轮。　　　　　　(　　)

9.V 带传动的张紧轮,应安装在松边内侧,尽量靠近大带轮。　　　　(　　)

10.推力滚动轴承主要承受径向载荷。　　　　　　　　　　　　　　　(　　)

11.洗衣机中带传动所用的 V 带是专用零件。　　　　　　　　　　　(　　)

12.对心曲柄滑块机构没有急回特性。　　　　　　　　　　　　　　　(　　)

13.齿轮的模数越大,轮齿就越大,承载能力也越大。　　　　　　　　(　　)

14.凸轮机构是低副机构,具有效率低、承载大的特点。　　　　　　　(　　)

15.轴端挡圈也可用在轴的中间来轴向固定零件。　　　　　　　　　　(　　)

三、连线题(本大题共 3 小题,每小题 6 分,共 18 分)

1.请将螺纹连接类型与应用用线条进行一一对应连接。

螺纹连接类型	应用
螺栓连接	两个薄板连接
双头螺柱连接	仪器的调节螺钉
螺钉连接	连接件之一较厚,需经常拆装
紧定螺钉连接	不需经常拆装,受力不大

2.请将材料牌号与其材料名称用线条进行一一对应连接。

材料牌号	材料名称
Q235	滚动轴承钢
T12A	普通碳素结构钢
GCr15	碳素工具钢

3.请将四杆机构类型与应用实例用线条进行一一对应连接。

四杆机构类型	应用实例
双曲柄机构	起重机起重机构
双摇杆机构	搅拌机
曲柄摇杆机构	惯性筛

四、计算题(本大题共 1 小题,每小题 15 分,共 15 分)

已知正确啮合的一对标准直齿圆柱齿轮,$z_1 = 24$,$z_2 = 60$,$a = 126$ mm。求两齿轮的分度圆直径 d_1、d_2,以及齿顶圆直径 d_{a1}、d_{a2}。

卷 II 部分

（考试时间：60分钟，满分：100分）

一、单项选择题（本大题共15小题，每小题3分，共45分）

1.举重时双手向上举杠铃，杠铃向下压手，但终归将杠铃举起，因此这二力的关系是（　　）。

A.手举杠铃的力大于杠铃对手的压力

B.举力和压力属于平衡力

C.举力和压力属于一对作用力与反作用力

D.不能确定

2.下列选项中，属于力矩作用的是（　　）。

A.用卡盘扳手上紧工件　　　　　　　B.拧水龙头

C.用起子扭螺钉　　　　　　　　　　D.用扳手拧螺母

3.下列实例中属于扭转变形的是（　　）。

A.起重吊钩　　　　B.钻孔的钻头　　　　C.火车车轴　　　　D.被钻孔的零件

4.跳水板属于（　　）。

A.铰链约束　　　　　　　　　　　　B.柔性约束

C.光滑接触面约束　　　　　　　　　D.固定端约束

5.灰口铸钢中石墨以（　　）存在。

A.片状　　　　　　B.团絮状　　　　　　C.棒状　　　　　　D.球状

6.设计键连接时，键的截面尺寸 $b×h$ 通常根据（　　）由标准中选择。

A.传递转矩的大小　　　　　　　　　B.传递功率的大小

C.轴的直径　　　　　　　　　　　　D.轴的长度

7.常用螺纹联接中，自锁性最好的螺纹是（　　）。

A.三角螺纹　　　　B.梯形螺纹　　　　　C.锯齿形螺纹　　　　D.矩形螺纹

8.铰链四杆机构 $ABCD$，现以 BC 为机架，要成为双曲柄机构则各杆的长度应为（　　）。

A.$AB=130$　　$BC=150$　　$CD=175$　　$AD=200$

B.$AB=175$　　$BC=130$　　$CD=185$　　$AD=200$

C.$AB=200$　　$BC=150$　　$CD=165$　　$AD=130$

D.$AB=175$　　$BC=180$　　$CD=185$　　$AD=200$

9.在以下的几种常见的凸轮机构的从动件中，最适于高速运动场合的是（　　）从动件。

A.尖顶　　　　　　B.滚子　　　　　　　C.平底　　　　　　D.曲面

10.下列关于急回特性的描述，错误的是（　　）。

A.机构有无急回特性取决于行程速度比系数

B.急回特性可使空回行程的时间缩短,有利于提高生产率

C.极位夹角值越大,机构的急回特性越显著

D.只有曲柄摇杆机构具有急回特性

11.深沟球轴承的宽度系列为1,直径系列为2,内径为 35 mm,其代号是(   )。

　　A. 6007　　　　　　B. 6307　　　　　　C. 61207　　　　　D. 61235

12.当工作载荷小,转速较高,旋转精度要求较高时宜选用(   )。

　　A.球轴承　　　　　B.滚子轴承　　　　C.滚针轴承　　　　D.滑动轴承

13.一对外啮合的标准直齿圆柱齿轮,模数 $m=4$ mm,中心距 $a=160$ mm,则两齿轮的齿数和为(   )。

　　A. 60　　　　　　　B. 80　　　　　　　C. 100　　　　　　D. 120

14.能保持瞬时传动比恒定的传动是(   )。

　　A.带传动　　　　　B.齿轮传动　　　　C.链传动　　　　　D.摩擦轮传动

15.形成齿轮渐开线的圆是(   )。

　　A.分度圆　　　　　B.齿顶圆　　　　　C.基圆　　　　　　D.节圆

二、判断题(本大题共 5 小题,每小题 3 分,共 15 分)

1.力偶无合力,所以它是一个平衡力系。　　　　　　　　　　　　　（　　）

2.退火可消除钢中的残余应力,防止变形和开裂。　　　　　　　　　（　　）

3.V 带和平带均利用带的底面与带轮之间的摩擦力来传递运动和动力。（　　）

4.极位夹角 θ 愈大,机构的急回特性愈不明显。　　　　　　　　　（　　）

5.模数 m 表示齿轮的大小,它没有单位。　　　　　　　　　　　　（　　）

三、连线题(本大题共 2 小题,每小题 8 分,共 16 分)

1.请将材料牌号与其对应的种类用线条进行一一对应连接。

材料牌号	种类
Q235	碳素铸钢
T12A	普通碳素结构钢
45	碳素工具钢
ZG200-400	优质碳素结构钢

2.请将杆件变形的种类与受力特点用线条进行一一对应连接。

杆件变形种类	受力特点
拉伸变形	垂直于梁轴线的外力
剪切变形	在横截面内作用一对等值、反向的力偶
扭转变形	一对外力等值、反向、作用线平行且距离很近
弯曲变形	外力沿杆轴线作用

四、计算题(本大题共 3 小题,第 1、2 小题 6 分,第 3 小题 12 分,共 24 分)

1.画出图中 AB、CD 两杆的受力图。

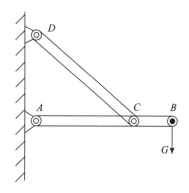

2.一对外啮合的标准直齿圆柱齿轮,已知 $z_1=21$,$z_2=63$,模数 $m=4$ mm,试计算这对齿轮的分度圆直径 d、齿顶圆直径 d_a,以及齿根圆直径 d_f 和中心距 a。

3.如图所示定轴轮系中,已知:$z_1=30$,$z_2=60$,$z_3=20$,$z_4=40$,$z_5=1$,$z_6=40$,$n_1=1000$ r/min,试求轮系传动比 i_{16},并计算轮 6 的转速大小并判断各轮的转向。

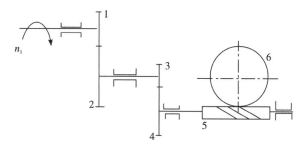

综合模拟试卷(二)

（本试卷分卷Ⅰ和卷Ⅱ两部分）

卷Ⅰ部分

（考试时间:90分钟,满分:150分）

一、单项选择题(本大题共24小题,每小题3分,共72分)

1.下列不是机构能实现的是(   )。

  A.能量转换　　　　B.传递运动　　　　C.传递动力　　　　D.改变运动形式

2.V带对带轮的约束类型是(   )。

  A.柔性(柔体)约束　　　　　　　　B.光滑面的约束

  C.铰链约束　　　　　　　　　　　　D.固定端约束

3.下列(   )是活动铰链支座。

  A.　　　　　　B.　　　　　　C.　　　　　　D.

4.平面任意力系的平衡条件是(   )。

  A.合力为零　　　　　　　　　　　　B.合力矩为零

  C.合力和合力矩为零　　　　　　　　D.各力对某坐标轴投影代数和为零

5.适用于连接的螺纹是(   )。

  A.　　　　　　B.　　　　　　C.　　　　　　D.

6.螺距是相邻两牙对应两点间的轴向距离是在(   )。

  A.大径　　　　　　B.小径　　　　　　C.中径　　　　　　D.底径

7.C型普通平键端部形状是(   )。

  A.圆头　　　　　　B.平头　　　　　　C.单圆头　　　　　　D.椭圆头

8.M20×2是(   )。

  A.粗牙螺纹　　　　B.细牙螺纹　　　　C.管螺纹　　　　D.梯形螺纹

9.用来传递动力或转矩的销称为（　　　）。

　　A.定位销　　　　　　B.连接销　　　　　　C.安全销　　　　　　D.开口销

10.两构件间以点或线接触形成的运动副称为（　　　）。

　　A.转动副　　　　　　B.移动副　　　　　　C.高副　　　　　　D.低副

11.下列机构中应用到双摇杆机构的是（　　　）。

　　A.车门启闭机构　　　　　　　　　　B.雷达天线俯仰角调整机构

　　C.破碎机碎石机构　　　　　　　　　　D.飞机起落架收放机构

12.铰链四杆机构中,与机架相连并能实现整周回转的构件为（　　　）。

　　A.曲柄　　　　　　B.连杆　　　　　　C.机架　　　　　　D.摇杆

13.当曲柄摇轩机构具有急回特性时,其极位夹角 θ 值为（　　　）。

　　A.$\theta=0°$　　　　　　　　　　　　B.$0°<\theta<180°$

　　C.$\theta=180°$　　　　　　　　　　　D.以上都不是

14.不属于凸轮机构的特点是（　　　）。

　　A.凸轮与从动件间为高副接触易磨损　　B.结构简单紧凑,工作可靠

　　C.制造简单,加工方便　　　　　　　　D.适用于传力不大的场合

15.已知带传动的 $i=3$,主动带轮的转速是 36 r/min,则从动带轮的转速是（　　　）。

　　A. 36 r/min　　　B. 12 r/min　　　C. 108 r/min　　　D. 72 r/min

16.摩托车上应用的链传动是（　　　）。

　　A.起重链　　　　　　B.牵引链　　　　　　C.传动链　　　　　　D.齿形链

17.齿轮的渐开线形状取决于（　　　）。

　　A.齿顶圆直径　　　B.分度圆直径　　　C.基圆直径　　　D.齿根圆直径

18.一对外啮合的标准直齿圆柱齿轮,中心距 $a=300$ mm,齿距 $p=15.7$ mm,则两轮齿数和为（　　　）。

　　A. 60　　　　　　B. 80　　　　　　C. 100　　　　　　D. 120

19.定轴轮系的传动特点不包含（　　　）。

　　A.可获得很大的传动比　　　　　　　　B.可做远距离传动

　　C.可实现变速和变向　　　　　　　　　D.可实现合成或分解运动

20.单级传动比大且准确的传动是（　　　）。

　　A.带传动　　　　　　B.链传动　　　　　　C.齿轮传动　　　　　　D.蜗杆传动

21.有一深沟球轴承,其宽度系列为"1",直径系列为"2",其内径为 30 mm,其代号是（　　　）。

　　A. 62106　　　　　B. 61206　　　　　C. 61230　　　　　D. 62130

22.滚动轴承的轴承类型代号为 3 时,则为（　　　）。

　　A.圆锥滚子轴承　　　B.推力球轴承　　　C.深沟球轴承　　　D.角接触球轴承

23.安装齿轮、带轮、链轮的轴属于（　　　）。

　　A.心轴　　　　　　B.传动轴　　　　　　C.转轴　　　　　　D.曲轴

24.下列既能轴向固定又能周向固定的是(　　　)。

    A.轴环　　　　　　　B.平键　　　　　　　C.圆螺母　　　　　　D.过盈配合

二、判断题(本大题共 15 小题,每小题 3 分,共 45 分)

1.构件是机械运动的最基本单元。   (　　　)

2.构成力偶的两个力 $F=-F$,所以力偶的合力等于零。   (　　　)

3.二力构件约束反力作用线沿二力作用点连线,指向相对或背离。   (　　　)

4.08F 钢与 T8A 钢的含碳量一样。   (　　　)

5.半圆键连接的工作面是键的两侧面,对中性较差。   (　　　)

6.开口销是一种防松零件,用于锁紧其他紧固件。   (　　　)

7. Tr36×12(P6)-7H 表示双线梯形螺纹。   (　　　)

8.曲柄摇杆机构只能将回转运动转换成往复摆动。   (　　　)

9.凸轮机构中凸轮既可以是主动件,也可以是从动件。   (　　　)

10.机构中只要有一个运动副是高副,这个机构就是高副机构。   (　　　)

11.带传动不能保证精确的传动比,其主要原因是打滑。   (　　　)

12.链传动有过载保护作用。   (　　　)

13.模数是决定齿轮齿形大小的一个基本参数,它是无单位的。   (　　　)

14.蜗杆传动具有自锁功能,只能是蜗杆带动蜗轮,反之则不能转动。   (　　　)

15.只承受弯矩而不受扭矩的轴,称为心轴。   (　　　)

三、连线题(本大题共 3 小题,每小题 6 分,共 18 分)

1.请将铸铁类型与其应用实例用线条进行一一对应连接。

铸铁类型	应用实例
HT300	柴油机曲轴
KTH350-10	汽车后桥外壳
QT700-2	机床床身

2.请将螺纹类型与其应用场合用线条进行一一对应连接。

螺纹类型	应用场合
三角形螺纹	最常用的传动螺纹
梯形螺纹	只能用于单向受力传动
锯齿形螺纹	用于连接

3.请将四杆机构类型与其机构简图用线条进行一一对应连接。

四杆机构类型	机构简图

曲柄摇杆机构

双曲柄机构

双摇杆机构

四、计算题(本大题共 1 小题,每小题 15 分,共 15 分)

一对标准直齿圆柱齿轮,标准安装,转向相同。已知模数 $m=2$ mm,齿轮 1 的齿数 $z_1=28$,齿轮 2 的齿数 $z_2=56$。

试求:①齿轮 1 分度圆直径 d_1。

②齿轮 1 齿根圆直径 d_{f1}。

③齿轮 2 齿顶圆直径 d_{a2}。

④两齿轮的中心距 a。

卷 Ⅱ

(考试时间:60分钟,满分:100分)

一、单项选择题(本大题共 15 小题,每小题 3 分,共 45 分)

1.静止在水平地面上的物体受到重力 G 和支持力 F_N 的作用,物体对地面的压力为 F,则以下说法中正确的是(　　)。

　　A. F 和 F_N 是一对平衡力　　　　　　　B. G 和 F_N 是一对作用力和反作用力

　　C. F 和 F_N 的性质相同,都是弹力　　　D. G 和 F_N 是一对平衡力

2.下列不属于固定端约束的是(　　)。

　　A.用卡盘夹紧工件　　　　　　　　　　B.用绳索悬挂的重物

　　C.地面对电线杆所形成的约束　　　　　D.固定在刀架的车刀

3.对一刚体施加两共点力,$F_1=6\ N,F_2=9\ N$,则以下不可能是合力的数值的是(　　)。

　　A. 3 N　　　　　　　B.5 N　　　　　　　C.15 N　　　　　　　D. 20 N

4.拧紧后的螺栓连接会受到的变形是(　　)。

　　A.拉伸或压缩　　　　B.剪切　　　　　　C.弯曲　　　　　　　D.扭转

5.钳工常用到的锉刀,其材料为 T12,这种材料的平均含碳量是 (　　)。

　　A. 0.012%　　　　　B. 0.12%　　　　　　C. 1.2%　　　　　　　D. 12%

6.某一平键的长度为 90 mm,有一与之相连接的轮毂,则下列轮毂长合理的是(　　)。

　　A. 80 mm　　　　　　B. 90 mm　　　　　　C. 100 mm　　　　　D. 110 mm

7.楔键联接对轴上零件能作周向固定,且(　　)。

　　A.不能承受轴向力　　　　　　　　　　B.能承受轴向力

　　C.能承受单向轴向力　　　　　　　　　D.能承受双向轴向力

8.为了保证被连接件经多次装拆而不影响定位精度,可以选用(　　)。

　　A.圆柱销　　　　　　B.圆锥销　　　　　　C.开口销　　　　　D.安全销

9.下列属于低副的是(　　)。

　　A.滚动轮接触　　　　　　　　　　　　B.凸轮接触

　　C.活塞与连杆接触　　　　　　　　　　D.齿轮接触

10.下列可能具有急回特性的机构是(　　)。

　　A.曲柄摇杆机构　　　　　　　　　　　B.对心曲柄滑块机构

　　C.双摇杆机构　　　　　　　　　　　　D.平行双曲柄机构

11.普通 V 带横截面为(　　)。

　　A.矩形　　　　　　　　　　　　　　　B.圆形

　　C.等腰梯形　　　　　　　　　　　　　D.正方形

12.正常齿渐开线标准直齿圆柱齿轮不发生根切的是齿数不少于(　　)。

　　A. 14　　　　　　　　B. 17　　　　　　　C. 18　　　　　　　D. 20

13.在蜗杆传动中,蜗杆与蜗轮的轴线位置在空间一般交错成(　　)。

　　A. 30° 　　　　　　 B. 45° 　　　　　　 C. 90° 　　　　　　 D. 120°

14.阶梯轴上最常用的轴上零件轴向固定的方法是(　　)。

　　A.轴端挡圈 　　　　　　　　　　 B.轴套

　　C.轴肩和轴环 　　　　　　　　　 D.弹性挡圈

15.深沟球轴承主要应用的场合是(　　)。

　　A.有较大的冲击

　　B.同时承受较大的轴向载荷和径向载荷

　　C.长轴或变形较大的轴

　　D.主要承受径向载荷且转速较高

二、判断题(本大题共 5 小题,每小题 3 分,共 15 分)

1.剪切和挤压总是同时产生,所以剪切面和挤压面是同一个面。　　　　　　(　　)

2.正火只能作为预备热处理,不能作为最终热处理。　　　　　　　　　　　(　　)

3.双头螺柱连接用于被连接件之一较厚又需要经常装拆。　　　　　　　　　(　　)

4.在一对内啮合齿轮传动中,其主动轮与从动轮的转动方向相同。　　　　　(　　)

5.铁路机车轮轴属于心轴。　　　　　　　　　　　　　　　　　　　　　(　　)

三、连线题(本大题共 2 小题,每小题 8 分,共 16 分)

1.请将键的类型与其适用场合用线条进行一一对应连接。

螺纹类型	适用场合
半圆键	工作载荷较大,定心精度要求高的静连接或动连接中
花键	传递较大转矩,对同轴度要求不高的重型机械上
楔键	轻载或锥形轴端的连接中
切向键	承受不大的单向轴向力,精度要求不高的低速机械上

2.请将机构类型和运动特点用线条进行一一对应连接。

机构类型	运动特点
曲柄摇杆机构	可实现整周转动和往复摆动相互转换
双曲柄机构	可实现往复摆动和往复摆动相互转换
双摇杆机构	可实现整周转动和直线运动相互转换
曲柄滑块机构	可实现整周转动和整周转动相互转换

四、计算题(本大题共 3 小题,第 1、2 小题 6 分,第 3 小题 12 分,共 24 分)

1.铰链四杆机构 $ABCD$ 各杆的长度分别是 $L_{AB}=30$ mm,$L_{BC}=80$ mm,$L_{CD}=45$ mm,$L_{AD}=90$ mm,若将 CD 杆固定成机架,问该铰链四杆机构将成为何种机构?

2.两个标准直齿圆柱齿轮,已测得齿数 $z_1=22$,$z_2=98$,小齿轮齿顶圆直径 $d_{a1}=240$ mm,大齿轮全齿高 $h_2=22.5$ mm,试判断这两个齿轮能否正确啮合传动。

3.在图示轮系中,已知:蜗杆为单头且右旋,转速 $n_1=1440$ r/min,转动方向如下图所示,其余各轮齿数为 $z_2=40$,$z_2'=20$,$z_3=30$,$z_3'=18$,$z_4=54$,试求:(1)该轮系的传动比 i_{14};(2)计算齿轮 4 的转速 n_4;(3)在图上用箭头标出各轮转向。

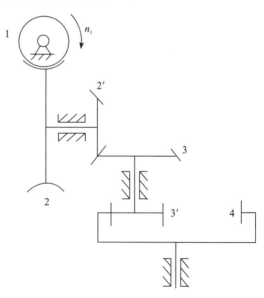

综合模拟试卷(三)

(本试卷分卷Ⅰ和卷Ⅱ两部分)

卷Ⅰ部分

(考试时间:90分钟,满分:150分)

一、单项选择题(本大题共 24 小题,每小题 3 分,共 72 分)

1.车床的主轴是机器的(　　)。

 A.动力部分   B.工作部分   C.传动部分   D.自动控制部分

2.属于力矩作用的是(　　)。

 A.用丝锥攻螺纹   B.双手握转向盘

 C.用螺钉旋具拧螺钉   D.用扳手拧螺母

3.带传动中,带所产生的约束力属于(　　)。

 A.光滑面约束   B.固定铰链约束

 C.柔性约束   D.活动铰链约束

4.物体的受力效果取决于力的(　　)。

 A.大小、方向   B.大小、作用点

 C.大小、方向、作用点   D.方向、作用点

5.双线螺纹的导程等于螺距的(　　)倍。

 A. 1   B. 2   C. 3   D. 5

6.曲柄滑块机构是四杆机构中(　　)的演化形式。

 A.曲柄摇杆机构   B.双摇杆机构

 C.双曲柄机构   D.不确定

7.带传动是依靠(　　)来传递运动和动力的。

 A.主轴的动力   B.主动轮的转矩

 C.带与带轮间的摩擦力   D.电机

8.为保证轴有好的装配工艺性,轴端应设计(　　)。

 A.越程槽   B.退刀槽   C.过渡圆角   D.45°倒角

9.标准直齿圆柱齿轮的压力角 α 等于(　　)度。

 A. 20   B. 30   C. 40   D. 60

10.普通 V 带的承载能力最强的型号为(　　)。

 A. B 型   B. C 型   C. D 型   D. E 型

11.轴承代号"6406"表示其内径为（　　　）mm。

  A. 6   B. 24   C. 30   D. 36

12.惰轮在轮系中,影响从动轮（　　　）。

  A.旋转方向   B.转速   C.传动比   D.齿数

13.有一外啮合标准直齿圆柱齿轮,模数为 2 mm,齿数为 32,齿顶圆直径是（　　　）mm。

  A. 60   B. 64   C. 68   D. 128

14.下列钢热处理工艺中,（　　　）工艺的冷却速度最快。

  A.正火   B.退火   C.淬火   D.高温回火

15.在下述四个机械零件中,（　　　）不属于通用零件。

  A.齿轮   B.螺钉   C.轴   D.叶片

16.某对带传动,主动轮 D_1 的直径为 200 mm,从动轮 D_2 的直径为 400 mm,则该对带轮的传动比为（　　　）。

  A. 0.5   B. 20   C. 1   D. 2

17.螺栓联接防松装置中,下列（　　　）是不可拆防松的。

  A.开口销与槽型螺母   B.对顶螺母拧紧

  C.止动垫片与圆螺母   D.冲点

18.在蠕墨铸铁中的石墨形态应为（　　　）。

  A.片状   B.球状   C.团絮状   D.蠕虫状

19.杆长不等的铰链四杆机构,若以最短杆为机架,则是什么机构?（　　　）

  A.双曲柄机构   B.双摇杆机构

  C.双曲柄或双摇杆机构   D.曲柄摇杆机构

20.既支承回转零件,又传递动力的轴称为（　　　）。

  A.心轴   B.转轴   C.传动轴   D.直轴

21.要求两轴中心距较大且在低速、重载和高温等不良环境下工作宜选用是（　　　）。

  A.平带传动   B.链传动   C.齿轮传动   D. V 带传动

22.碳素工具钢 T8 表示含碳量是（　　　）。

  A. 0.08%   B. 0.8%   C. 8%   D. 80%

23. M36×3 指的是（　　　）。

  A.粗牙普通螺纹   B.细牙普通螺纹   C.梯形螺纹   D.锯齿形螺纹

24.铰链四杆机构各杆的长度(mm)如下,取杆 BC 为机架,构成双曲柄机构的是（　　　）。

  A. $AB=130,BC=150,CD=175,AD=200$

  B. $AB=150,BC=130,CD=165,AD=200$

  C. $AB=175,BC=130,CD=185,AD=200$

  D. $AB=200,BC=150,CD=165,AD=130$

二、判断题(本大题共 15 小题,每小题 3 分,共 45 分)

1.两个相互配合的螺纹,其旋向相同。　　　　　　　　　　　　　　(　　)

2.有作用力就必有反作用力,且两者同时存在,同时消失。　　　　(　　)

3.一对外啮合的齿轮传动,两轮的转向相同,传动比取正值。　　　(　　)

4.在铰链四杆机构中,曲柄和连杆都是连架杆。　　　　　　　　　(　　)

5.一组使用中的 V 带,若坏了一根,必须成组更换。　　　　　　　(　　)

6.用轴肩、轴环可以对轴上的零件实现轴向固定。　　　　　　　　(　　)

7.反向平行双曲柄机构可应用于车门启闭机构。　　　　　　　　　(　　)

8.在实际生产中,机构的"死点"位置对工作都是不利的,处处都要考虑克服。(　　)

9.普通平键的工作表面是键的两侧面。　　　　　　　　　　　　　(　　)

10.双头螺柱联接适用于被联接件厚度不大的场合。　　　　　　　(　　)

11.零件是运动的单元,构件是制造的单元。　　　　　　　　　　　(　　)

12.推力滚动轴承主要承受径向载荷。　　　　　　　　　　　　　　(　　)

13.齿面点蚀是开式齿轮传动的主要失效形式。　　　　　　　　　(　　)

14.凸轮机构是高副机构。　　　　　　　　　　　　　　　　　　　(　　)

15.蜗杆传动不具有自锁作用。　　　　　　　　　　　　　　　　　(　　)

三、连线题(本大题共 3 小题,每小题 6 分,共 18 分)

1.请将轴承类型和类型代号用线条进行一一对应连接。

轴承类型	类型代号
调心球轴承	6
圆锥滚子轴承	1
深沟球轴承	3

2.请将名词与相应的解释用线条进行一一对应连接。

轴的类型	受载荷情况
心轴	只受扭转作用而不受弯曲作用
转轴	只受弯曲作用而不传递动力
传动轴	同时承受弯曲和扭转两种作用

3.不同钢种的含碳量用线条进行一一对应连接。

钢的类型	含碳量
低碳钢	$\omega_c > 0.60\%$
中碳钢	$\omega_c = 0.25\% \sim 0.60\%$
高碳钢	$\omega_c < 0.25\%$

四、计算题(本大题共 1 小题,每小题 15 分,共 15 分)

一对标准直齿圆柱齿轮传动,大齿轮损坏,要求配制新的齿轮。通过测量得知:大齿轮齿根圆直径 $d_{f2}=276$ mm,齿数 $z_2=37$,和它相配的小齿轮齿数 $z_1=17$。试求:模数 m、大齿轮齿顶圆直径 d_{a2}、分度圆直径 d_2 以及中心距 a。

卷 Ⅱ 部分

(考试时间:60分钟,满分:100分)

一、单项选择题(本大题共 15 小题,每小题 3 分,共 45 分)

1.静止在水平地面上的物体受到重力 G 和支持力 F_N 的作用,物体对地面的压力 F,
则以下说法正确的是( )。

　A.F 和 F_N 是一对平衡力　　　　　　　　B.G 和 F_N 是一对作用力和反作用力

　C.F_N 和 F 的性质相同,都是主动力　　　D.G 和 F_N 是一对平衡力

2.平键的主要失效形式是( )。

　A.剪切破坏　　　　　　　　　　　　　　B.挤压破坏

　C.弯曲破坏　　　　　　　　　　　　　　D.拉伸破坏

3.下列热处理工艺不会改变工件表面化学成分的是( )。

　A.渗碳　　　　　　B.渗氮　　　　　　C.正火　　　　　　D.碳氮共渗

4.普通平键联接的主要用途是使轴与轮毂之间( )。

　A.沿轴向固定并传递转矩　　　　　　　　B.沿轴向可作相对滑移并具有导向作用

　C.沿周向固定并传递转矩　　　　　　　　D.对中性好,可在高速重载中应用

5.与齿轮传动相比,蜗杆传动的主要优点是( )。

　A.安装精度高　　　　　　　　　　　　　B.传动比大,结构紧凑

　C.传动效率高　　　　　　　　　　　　　D.传动平稳,无噪声

6.下列各图蜗轮蜗杆的相对转向判断正确的是( )。

A　　　　　　　　　B　　　　　　　　　C　　　　　　　　　D

7.在润滑条件差的开式齿轮传动中主要的失效形式是( )。

　A.齿面磨损　　　　　　　　　　　　　　B.齿面点蚀

　C.齿面胶合　　　　　　　　　　　　　　D.轮齿塑性变形

8.制作钻头、锉刀和刮刀等,应选用( )。

　A.碳素结构钢　　　B.碳素工具钢　　　C.铸钢　　　　　　D.铸铁

9.内燃机的活塞连杆机构应用到( )。

　A.曲柄摇杆机构　　　　　　　　　　　　B.双曲柄机构

　C.曲柄滑块机构　　　　　　　　　　　　D.双摇杆机构

10.下列属于螺纹联接永久防松的是(　　　　)。

　　A.双螺母防松　　　　　　　　　　　　B.弹簧垫圈防松

　　C.焊接防松　　　　　　　　　　　　　D.串联钢丝防松

11.能容易实现自锁的是(　　　　)。

　　A.链传动　　　　　　　　　　　　　　B.齿轮传动

　　C.蜗杆传动　　　　　　　　　　　　　D.带传动

12.自行车前轮轴工作的时候只承受弯矩而不传递转矩,按承载形式分该轴是(　　　　)。

　　A.心轴　　　　　　　B.曲轴　　　　　　　C.传动轴　　　　　　　D.转轴

13.以下哪种设备是利用了曲柄摇杆机构的原理(　　　　)。

　　A.港口起重机　　　　　　　　　　　　B.天平机构

　　C.飞机起落架　　　　　　　　　　　　D.缝纫机踏板机构

14.下列螺纹标注中,表示细牙普通螺纹的是(　　　　)。

　　A. Tr24×9(P3)　　　　　　　　　　　B. M12-6H

　　C. Tr42×8LH　　　　　　　　　　　　D. M24×1.5

15.灰铸铁的石墨形态是(　　　　)。

　　A.片状　　　　　　　B.球状　　　　　　　C.团絮状　　　　　　　D.蠕虫状

二、判断题(本大题共 5 小题,每小题 3 分,共 15 分)

1.力矩是度量力使物体移动的效果。　　　　　　　　　　　　　　　　　　　(　　)

2.齿轮传动正确的啮合条件是:两啮合齿轮的齿数及分度圆上的压力角必须相等。

　　　　　　　　　　　　　　　　　　　　　　　　　　　　　　　　　　(　　)

3.在铰链四杆机构中,只要最短杆与最长杆长度之和大于其余两杆长度之和,就必定

　　有曲柄存在。　　　　　　　　　　　　　　　　　　　　　　　　　　　(　　)

4.考虑到 V 带弯曲时横截面的变形,带轮的轮槽角应小于 V 带的楔角。　　(　　)

5.08F 钢与 T8A 钢含碳量不一样。　　　　　　　　　　　　　　　　　　　(　　)

三、连线题(本大题共 2 小题,第 1 题 6 分,第 2 题 10 分,共 16 分)

1.请将凸轮机构类型与其应用实例用线条进行一一对应连接。

凸轮机构类型	应用实例
盘形凸轮	自动车床进给机构
圆柱凸轮	靠模车削加工
移动凸轮	内燃机配气机构

2.请将热处理的类型与主要目的用线条进行一一对应连接。

热处理的类型	主要目的
表面热处理	降低硬度、提高塑性,改善切削加工性能
回火	改善低碳钢的切削性能
正火	消除淬火应力,防止变形开裂
调质(淬火＋高温回火)	提高表面硬度、耐磨性
退火	获得良好综合力学性能

四、计算题(本大题共 3 小题,第 1 题 8 分,第 2 题 6 分,第 3 题 10 分,共 24 分)

1.有一铰链四杆机构,如图所示,$AB=700$ mm,$BC=350$ mm,$CD=600$ mm,$AD=200$ mm,当分别以 AB、BC、CD、AD 杆作为机架,可得到哪些机构?

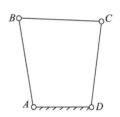

2.一对啮合的标准直齿圆柱齿轮传动,已知:主动轮转速 $n_1=840$ r/min,从动轮转速 $n_2=280$ r/min,中心距 $a=270$ mm,模数 $m=5$ mm。求:两齿轮齿数 z_1、z_2,小齿轮的齿顶圆直径 d_{a1}。

3.如图所示定轴轮系,试求：

(1)如图所示位置时,总传动比 I 是多少？

(2)主轴有几种转速？

(3)如图所示位置时,主轴的转速是多少？

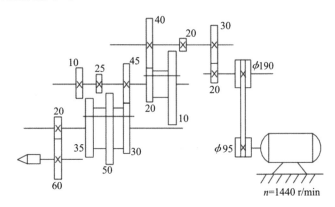

综合模拟试卷（四）

（本试卷分卷Ⅰ和卷Ⅱ两部分）

卷Ⅰ部分

（考试时间：90分钟，满分：150分）

一、单项选择题（本大题共24小题，每小题3分，共72分）

1.关于作用力和反作用力，下列说法正确的是（　　）。

　A.先有作用力，然后产生反作用力

　B.作用力与反作用力大小相等、方向相反

　C.作用力与反作用力的合力为零

　D.作用力与反作用力是一对平衡力

2.金属材料的硬度越高，则材料（　　）。

　A.塑性越好　　　　B.越软　　　　C.越耐磨损　　　　D.弹性越好

3.牌号 ZG200-400 的铸钢，其中数字 200 代表（　　）。

　A.屈服强度　　　　B.抗拉强度　　　　C.抗弯强度　　　　D.硬度

4.调质处理是指淬火和（　　）相结合的一种工艺。

　A.低温回火　　　　B.中温回火　　　　C.高温回火　　　　D.正火

5.普通 V 带横截面为（　　）。

　A.矩形　　　　B.圆形　　　　C.等腰梯形　　　　D.正方形

6.键的截面尺寸 $b \times h$ 主要是根据（　　）来选择。

　A.传递扭矩的大小　　　　　　　　B.传递功率的大小

　C.轮毂的长度　　　　　　　　　　D.轴的直径

7.下列各标记中表示细牙普通螺纹的标记是（　　）。

　A. M24-5H-20　　　　　　　　B. M36×2-5g6g

　C. Tr40×7-7H　　　　　　　　D. Tr40×7-7e

8.在键连接中，工作面是两个侧面的是（　　）。

　A.普通平键　　　　B.切向键　　　　C.楔键　　　　D.圆键

9.齿轮减速器的箱体与箱盖用螺纹联接，箱体被联接处的厚度不太大，且经常拆装，

　一般选用（　　）。

　A.螺栓联接　　　　　　　　　　B.螺钉联接

　C.双头螺柱联接　　　　　　　　D.螺杆联接

10.在曲柄摇杆机构中,只有当(　　　　)为主动件时,才会出现"死点"位置。

    A.连杆　　　　　　　　B.机架　　　　　　　　C.摇杆　　　　　　　　D.曲柄

11.当急回特性系数(　　　　)时,曲柄摇杆机构才有急回运动。

    A. $K<1$　　　　　　　B. $K=1$　　　　　　　C. $K>1$　　　　　　　D. $K=0$

12.曲柄滑决机构是由(　　　　)演化而来的。

    A.曲柄摇杆机构　　　　　　　　　　　　B.双曲柄机构

    C.双摇杆机构　　　　　　　　　　　　　D.以上答案均不对

13.能把转动运动转换成往复直线运动,也可以把往复直线运动转换成转动运动的
  是(　　　　)。

    A.曲柄摇杆机构　　　　　　　　　　　　B.双曲柄机构

    C.双摇杆机构　　　　　　　　　　　　　D.曲柄滑块机构

14.把动力部分的运动和动力传递给执行部分的中间装置,称为(　　　　)。

    A.动力部分　　　　　　B.执行部分　　　　　　C.传动部分　　　　　　D.控制部分

15.下列不属于力偶作用的是(　　　　)。

    A.用丝锥攻螺纹　　　　　　　　　　　　B.双手握方向盘

    C.手拧水龙头　　　　　　　　　　　　　D.双手拍皮球

16.某直齿轮减速器,工作转速较高、载荷平稳,选用下列哪类轴承较为合适(　　　　)。

    A.深沟球轴承　　　　　　　　　　　　　B.角接触球轴承

    C.推力球轴承　　　　　　　　　　　　　D.滚子轴承

17.阶梯轴上最常用的轴上零件轴向固定的方法是(　　　　)。

    A.轴端挡圈　　　　　　B.轴套　　　　　　　　C.轴肩和轴环　　　　　　D.弹性挡圈

18.凸轮机构中只适用于受力不大且低速场合的从动件是(　　　　)。

    A.尖顶　　　　　　　　B.滚子　　　　　　　　C.平底　　　　　　　　D.圆柱

19.能够把整周转动变成往复摆动的铰链四杆机构是(　　　　)机构。

    A.双曲柄　　　　　　　B.双摇杆　　　　　　　C.曲柄摇杆　　　　　　D.双连杆

20.凸轮与从动件接触处的运动副属于(　　　　)。

    A.高副　　　　　　　　B.转动副　　　　　　　C.移动副　　　　　　　D.低副

21.两个大小为 3 N、4 N 的力合成一个力时,此合力最大值为(　　　　)。

    A. 5 N　　　　　　　　B. 7 N　　　　　　　　C. 12 N　　　　　　　　D. 1 N

22.铰链四杆机构中与机架相连,并能实现 360°旋转的构件是(　　　　)。

    A.摇杆　　　　　　　　B.连杆　　　　　　　　C.机架　　　　　　　　D.曲柄

23.平键标记:键 B16×70 GB1096-79,B 表示方头平键,16×70 表示(　　　　)。

    A.键高×轴径　　　　　　　　　　　　　B.键宽×键长

    C.键高×键长　　　　　　　　　　　　　D.键高×键宽

24.当两个被联接件之一太厚不宜制成通孔,且不需要经常拆装时,宜采用(　　　　)。

    A.螺栓联接　　　　　　B.螺钉联接　　　　　　C.双头螺柱联接　　　　D.紧定螺钉联接

二、判断题(本大题共 15 小题,每小题 3 分,共 45 分)

1.零件是运动的单元,构件是制造的单元。 （ ）

2.机器与机构都是机械,也可认为机构就是机器。 （ ）

3.当力的作用线通过矩心时,物体不产生转动效果。 （ ）

4.顺时针旋入的螺纹为右旋螺纹。 （ ）

5.与滚动轴承配合的轴肩高度应小于滚动轴承的内圈高度。 （ ）

6.链传动是通过链条的链节与链轮轮齿的啮合来传递运动和动力的。 （ ）

7.按用途不同,螺纹可分为连接螺纹和传动螺纹。 （ ）

8.相互旋合的内外螺纹,其旋向相同,公称直径相同。 （ ）

9.对心曲柄滑块机构没有急回特性。 （ ）

10.凸轮机构是低副机构,具有效率低、承载大的特点。 （ ）

11.任何平面四杆机构都有可能出现"死点"现象。 （ ）

12.平面连杆机构能实现较为复杂的平面运动。 （ ）

13.在铰链四杆机构中,曲柄一定是最短杆。 （ ）

14.销联接在受到剪切的同时还要受到挤压。 （ ）

15.双线螺纹的导程是螺距的 0.5 倍。 （ ）

三、连线题(本大题共 3 小题,每小题 6 分,共 18 分)

1.请将下列螺纹类型与螺纹的应用及特点用线条进行一一对应连接。

螺纹类型	特点
螺栓连接	两个被连接件都打成通孔,装拆方便
双头螺柱连接	用于被连接件之一较厚有不需要经常装拆
螺钉连接	用于被连接件之一较厚又需要经常装拆

2.请将材料牌号与其材料名称用线条进行一一对应连接。

材料名称	牌号
碳素结构钢	T10
碳素工具钢	Q235
合金工具钢	9SiCr

3.请将三种铰链四杆机构的应用实例用线条进行一一对应连接。

四杆机构	应用实例
双曲柄机构	缝纫机踏板机构
双摇杆机构	车门启闭机构
曲柄摇杆机构	电风扇摇头机构

四、计算题(本大题共 1 小题,每小题 15 分,共 15 分)

一对相啮合的标准直齿圆柱齿轮($\alpha = 20°$,$h_a^* = 1$,$c^* = 0.25$),已知:$z_1 = 28$,$z_2 = 56$,模数 $m = 2 \text{ mm}$,试计算这对齿轮的分度圆直径 d_1、d_2,齿距 p,以及中心距 a 的值。

卷Ⅱ部分

（考试时间：60分钟，满分：100分）

一、单项选择题（本大题共15小题，每小题3分，共45分）

1.下列机械中，属于机构的是（　　）。

　　A.发电机　　　　　　B.千斤顶　　　　　　C.拖拉机　　　　　　D.车床

2.下列动作中属于力偶作用的是（　　）。

　　A.用手提重物　　　　　　　　　　B.羊角锤拔钉子

　　C.双手转动方向盘　　　　　　　　D.杠杆撬东西

3.金属材料抵抗塑性变形或断裂的能力称为（　　）。

　　A.强度　　　　　　　B.塑性　　　　　　　C.硬度　　　　　　　D.韧性

4.改善低碳钢的切削加工性能，应采用的热处理方法是（　　）。

　　A.淬火　　　　　　　B.回火　　　　　　　C.氮化　　　　　　　D.正火

5. GCr15SiMn 钢的含铬量是（　　）。

　　 A. 15%　　　　　　 B. 1.5%　　　　　　 C. 0.15%　　　　　　 D. 0.015%

6.将轴的结构设计成阶梯形的主要目的是（　　）。

　　A.便于轴的加工　　　　　　　　　B.便于轴上零件的固定和装拆

　　C.提高轴的刚度　　　　　　　　　D.提高轴的强度

7.角接触轴承承受轴向载荷的能力，随接触角 α 的增大而（　　）。

　　A.增大　　　　　　　B.减小　　　　　　　C.不变　　　　　　　D.不定

8.下列机构中具有急回特性的是（　　）。

　　A.双曲柄机构　　　　　　　　　　B.对心曲柄滑块机构

　　C.双摇杆机构　　　　　　　　　　D.曲柄摇杆机构

9.为提高螺纹连接的自锁性，可采用（　　）。

　　A.细牙螺纹　　　　　B.大螺纹升角　　　　C.多头螺纹　　　　　D.粗牙螺纹

10."M10-5g6g-S"中的 S 表示（　　）。

　　A.右旋　　　　　　　B.左旋　　　　　　　C.短旋合长度　　　　D.长旋合长度

11.（　　）花键形状简单、加工方便，应用较为广泛。

　　A.矩形齿　　　　　　B.渐开线　　　　　　C.三角形　　　　　　D.锯齿形

12.下列机构中的运动副，属于低副的是（　　）。

　　A.滚动轮接触　　　　　　　　　　B.凸轮接触

　　C.活塞与连杆接触　　　　　　　　D.齿轮接触

13.凸轮轮廓呈凹形的场合不能使用（　　）从动件。

　　A.尖顶式　　　　　　B.滚子式　　　　　　C.平底式　　　　　　D.以上都不能使用

14.铰链四杆机构中若最短杆和最长杆长度之和大于其他两杆长度之和时，则机构

169

中( )。

A.一定有曲柄存在　　　　　　　　B.一定无曲柄存在

C.一定无连杆存在　　　　　　　　D.一定无摇杆存在

15.在轴上支承传动零件的部分称为( )。

A.轴颈　　　　　B.轴头　　　　　C.轴身　　　　　D.轴环

二、判断题(本大题共 5 小题,每小题 3 分,共 15 分)

1.零件如果需要高的硬度和耐磨性,则淬火后应进行一次高温回火。　　( )

2.只承受弯矩而不受扭矩的轴,称为心轴。　　( )

3.一般来说,材料的硬度越高,耐磨性越好。　　( )

4.销不可用来传递运动或转矩。　　( )

5.力的合成、分解都可用平行四边形法则。　　( )

三、连线题(本大题共 2 小题,每小题 8 分,共 16 分)

1.请将螺纹的类型和应用实例用线条进行一一对应连接。

螺纹类型	应用实例
三角形螺纹	机床的丝杠
梯形螺纹	螺旋压力机的螺旋副机构
锯齿形螺纹	机械上采用的连接螺纹

2.请将所给传动类型与传动特点用线条进行一一对应连接。

传动类型	传动特点
带传动	平均传动比恒定不变,能在较恶劣的环境下工作
链传动	传动比大,承载能力大,传动效率低
蜗轮传动	过载时打滑,不能保证准确传动比
齿轮传动	能保证瞬时传动比恒定,传动可靠

四、计算题(本大题共 3 小题,第 1、2 小题 6 分,第 3 小题 12 分,共 24 分)

1.已知铰链四杆机构,$L_{AB}=25$ mm,$L_{BC}=90$ mm,$L_{CD}=75$ mm,$L_{AD}=100$ mm。

试求:(1)若 AB 为主动件,AD 为机架,该机构是什么类型的机构?

(2)若 BC 为主动件,AB 为机架,该机构是什么类型的机构?

2.汽车变速箱中的一标准正常齿制的直齿圆柱齿轮,测得其齿顶高 $h_a=2.492$ mm,齿轮齿数 $z=28$,试确定齿轮的模数 m,并计算齿轮的齿距 p、分度圆直径 d、齿顶圆直径 d_a、齿高 h。

附:渐开线圆柱齿轮部分标准模数(摘自 GB1357-87)

第一系列	1.5、2、2.5、3、4、5、6、8、12、16、20
第二系列	1.75、2.25、2.75、3.5、4.5、5.5、7、9、14、18

3.如图所示的定轴轮系中,1 为蜗杆,右旋,$z_1=1$,$n_1=750$ r/min,转向如图所示,2 为蜗轮,$z_2=40$,$z_3=20$,$z_4=60$,$z_5=25$,$z_6=50$,$m_4=5$ mm。

试求:(1)标准直齿圆柱齿轮 3 的分度圆,齿根圆、齿顶圆直径。

(2)轮系传动比 i_{16} 及齿轮 6 的转速。

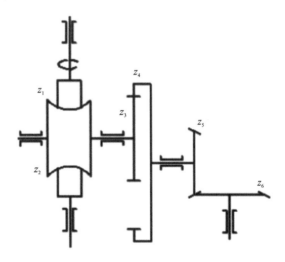

综合模拟试卷(五)

(本试卷分卷Ⅰ和卷Ⅱ两部分)

卷Ⅰ部分

(考试时间:90分钟,满分:150分)

一、单项选择题(本大题共24小题,每小题3分,共72分)

1.人类为适应生活和生产上的需要,创造出各种(   )来代替和减轻人类脑力和体力劳动。

    A.机构   B.机器   C.构件   D.机械

2.下列机械中属于机构的是(   )。

    A.发电机   B.千斤顶   C.拖拉机   D.电动自行车

3.约束反力的方向总是与物体被限制的运动方向(   )。

    A.相反   B.相同   C.垂直   D.形成一定角度

4.作用力与反作用力是一对作用在(   )物体上的等大、反向、共线力。

    A.一个   B.两个   C.三个   D.四个

5.当两连接件不需要经常拆卸,其中之一厚度较大且不能制作通孔时,我们可以采用的螺纹连接方法为(   )。

    A.螺钉连接   B.紧定螺钉连接

    C.双头螺柱连接   D.螺栓连接

6.梯形螺纹的牙型角是(   )。

    A. 30°   B. 45°   C. 55°   D. 60°

7.右图所示的键连接是(   )。

    A.半圆键连接

    B.楔键连接

    C.花键连接

    D.平键连接

8.普通外螺纹的公称直径是(   )。

    A.大径   B.中径

    C.小径   D.底径

9. M10螺纹的线数和旋向是(   )。

    A.单线、左旋   B.多线、左旋   C.单线、右旋   D.多线、右旋

10.火车车轮的传动机构属于(　　　)。

　　A.曲柄摇杆机构　　　　　　　　　　B.曲柄滑块机构

　　C.双曲柄机构　　　　　　　　　　　D.双摇杆机构

11.在曲柄摇杆机构中,只能在一定角度内摆动的构件是(　　　)。

　　A.连杆　　　　　　B.曲柄　　　　　　C.摇杆　　　　　　D.机架

12.在曲柄摇杆机构中,当行程速度变化系数(　　　)时,曲柄摇杆机构才具有急回特性。

　　A. $K=0$　　　　　B. $K<1$　　　　　C. $K=1$　　　　　D. $K>1$

13.铰链四杆机构 $ABCD$ 各杆的长度分别是 $L_{AB}=40$ mm, $L_{BC}=90$ mm, $L_{CD}=55$ mm, $L_{AD}=100$ mm。如果取 L_{AB} 杆为机架,则该机构是(　　　)。

　　A.双摇杆机构　　　　　　　　　　　B.双曲柄机构

　　C.曲柄摇杆机构　　　　　　　　　　D.曲柄滑块机构

14.下列机构中应用到双曲柄机构的是(　　　)。

　　A.车门启闭机构　　　　　　　　　　B.雷达天线俯仰角调整机构

　　C.电风扇摇头机构　　　　　　　　　D.缝纫机的踏板机构

15.以下哪项不属于摩擦型带传动(　　　)。

　　A.同步带传动　　　B.平带传动　　　C.V 带传动　　　D.圆形带传动

16.如果带传动的传动比是 5,从动带轮的直径是 500 mm,则主动带轮的直径是(　　　)。

　　A. 100 mm　　　　B. 250 mm　　　　C. 500 mm　　　　D. 2500 mm

17.在机械传动中,如果要求传动比准确,并要求能实现变速、变向传动,可选用(　　　)。

　　A.带传动　　　　　B.链传动　　　　　C.齿轮传动　　　　D.蜗杆传动

18.(　　　)是齿轮最主要的参数。

　　A.齿数　　　　　　B.压力角　　　　　C.分度圆　　　　　D.模数

19.某一标准直齿圆柱齿轮,分度圆上的齿距 $p=9.42$ mm,则该齿轮的模数为(　　　)。

　　A. 1 mm　　　　　B. 2 mm　　　　　C. 3 mm　　　　　D. 4 mm

20.与齿轮传动相比,蜗杆传动的特点是(　　　)。

　　A.传动比大　　　　　　　　　　　　B.适合远距离传动

　　C.传动可靠　　　　　　　　　　　　D.传动不平稳

21.轴承的型号为 6305,则轴承的内径尺寸为(　　　)。

　　A. 20 mm　　　　　B. 25 mm　　　　　C. 30 mm　　　　　D. 40 mm

22.下面不属于轴上零件的轴向固定方法的是(　　　)。

　　A.轴肩、轴环　　　B.套筒　　　　　　C.圆锥面　　　　　D.键联接

23.可将转矩灵活地传递到所需的任何位置的轴是(　　　)。

　　A.光轴　　　　　　B.阶梯轴　　　　　C.曲轴　　　　　　D.软轴(挠性轴)

24.下列属于轴上周向固定方法的是(　　　)。

　　A.套筒　　　　　　B.平键　　　　　　C.轴肩　　　　　　D.轴环

二、判断题(本大题共 15 小题,每小题 3 分,共 45 分)

1.机器中各机构之间具有确定的相对运动。 （ ）

2.转轴只承受弯矩而不承受转矩。 （ ）

3.合力一定大于分力。 （ ）

4.钢件通过加热的处理简称热处理。 （ ）

5.花键联接只能传递较小的扭矩。 （ ）

6.销连接主要用于固定零件之间的相对位置。 （ ）

7. M12 表示公称直径是 12 mm 的普通粗牙螺纹。 （ ）

8.凸轮与从动件线接触构成的运动副为高副。 （ ）

9.凸轮轮廓曲线的形状决定了从动件的运动规律。 （ ）

10.曲柄摇杆机构只能将回转运动转换为往复摆动。 （ ）

11.关于普通 V 带传动的安装与维护,新、旧 V 带可同组使用。 （ ）

12.链传动的主要失效形式有链条铰链磨损和链条断裂。 （ ）

13.在一对内啮合齿轮传动中,其主动轮与从动轮的转动方向不同。 （ ）

14.定轴轮系的传动比等于轮系中各级齿轮传动比的连乘积。 （ ）

15.推力球轴承的类型代号是 6。 （ ）

三、连线题(本大题共 3 小题,每小题 6 分,共 18 分)

1.请将销的名称与其应用用线条进行一一对应连接。

螺纹代号	应用
圆柱销	常与槽形螺母合用,锁定螺纹连接件
圆锥销	定位精度较高,多用于经常拆卸的场合
开口销	靠过盈固定,不宜经常装拆

2.请将热处理方式与其目的用线条进行一一对应连接。

热处理方式	目的
低温回火	获得较好的综合力学性能
中温回火	获得较高的弹性极限
高温回火	获得较高的硬度

3.请将四杆机构类型与其对应的机构简图用线条进行一一对应连接。

四杆机构类型	机构简图

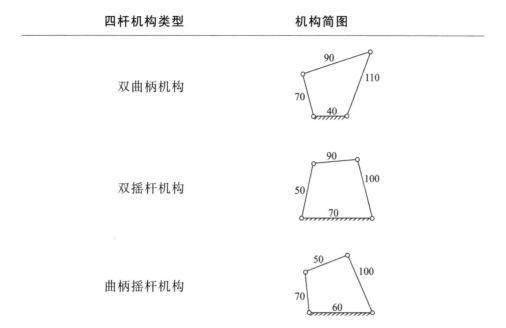

双曲柄机构

双摇杆机构

曲柄摇杆机构

四、计算题(本大题共 1 小题,每小题 15 分,共 15 分)

已知一标准直齿圆柱齿轮在应用过程中已经磨损,但其齿数 $z=36$,顶圆直径 $d_a=304$ mm 可以通过测量获得。试计算其分度圆直径 d、齿根圆直径 d_f、齿距 p 以及齿高 h。

卷Ⅱ部分

（考试时间:60分钟,满分:100分）

一、单项选择题(本大题共15小题,每小题3分,共45分)

1.平面任意力系的平衡条件是(　　)。

  A.合力为零

  B.合力矩为零

  C.合力和合力矩为零

  D.所有各力对某坐标轴投影的代数和为零

2.有一等边三角形板如右图所示,边长是a,沿三角形板的三个边分别作用有F_1、F_2和F_3,且$F_1=F_2=F_3$,则此三角形板所处的状态是(　　)。

  A.平衡   B.转动

  C.移动   D.既移动又转动

3.地面对电线杆的约束是(　　)。

  A.柔性(柔体)约束   B.光滑面约束

  C.铰链约束   D.固定端约束

4.传动系统中传动轴产生(　　)。

  A.拉伸变形   B.压缩变形   C.扭转变形   D.弯曲

5.灰铸铁、可锻铸铁、球墨铸铁、蠕墨铸铁中,力学性能最好的是(　　)。

  A.球墨铸铁   B.蠕墨铸铁   C.灰铸铁   D.可锻铸铁

6.普通平键连接是依靠(　　)传递转矩的。

  A.上表面   B.下表面   C.两侧面   D.单侧面

7.圆锥销的锥度是(　　),以小头直径为标准。

  A. 1∶60   B. 1∶50   C. 1∶40   C. 60∶1

8.普通平键C型的端部形状(　　)。

  A.圆头   B.平头   C.单圆头   D.方头

9.自动卸货卡车,其货车翻斗机构属于(　　)。

  A.曲柄摇杆机构   B.双曲柄机构   C.曲柄滑块机构   D.双摇杆机构

10.下面运动副中,属于高副的是(　　)。

  A.螺旋副   B.转动副   C.移动副   D.齿轮副

11.(　　)传动具有传动比准确的特点。

  A.平带   B.V带   C.同步带   D.圆带传动

12.(　　)是链传动承载能力、链及链轮尺寸的主要参数。

  A.链轮齿数   B.链节距   C.链节数   D.中心距

13.分度圆上的齿距 p 与 π 数之比,称为( )。

    A.传动比   B.模数   C.齿数   D.齿厚

14.下列钢中汽车的传动轴齿轮和传动轴宜选用( )。

    A. 40Cr   B. Q235-A·F   C. GCr15   D. 12Cr13

15.某直齿圆柱齿轮减速器,工作转速较高,载荷性质平稳,应选( )。

    A.深沟球轴承   B.调心球轴承

    C.角接触球轴承   D.圆柱滚子轴承

二、判断题(本大题共 5 小题,每小题 3 分,共 15 分)

1.如果某刚体上仅受两个大小相等、方向相反的力的作用,那么该刚体就一定处于平衡状态。　　　　　　　　　　　　　　　　　　　　　( )

2.强度是指金属材料在载荷作用下抵抗变形和破坏的能力。　　　( )

3.正火与退火相比,生产效率高,成本低。　　　　　　　　　　( )

4.齿面点蚀是润滑良好的闭式齿轮传动常见的失效形式。　　　　( )

5.钢的含碳量越高,其强度、硬度越高,塑性、韧性越好。　　　　( )

三、连线题(本大题共 2 小题,每小题 8 分,共 16 分)

1.请将机构类型与其应用用线条进行一一对应连接。

机构类型	应用
曲柄摇杆机构	惯性筛
双曲柄机构	复摆式颚式破碎机
双摇杆机构	压缩机
曲柄滑块机构	电风扇摇头机构

2.请将机械传动方式与其对应的特点用线条进行一一对应连接。

机械传动的方式	特点
带传动	传动比大,传动平稳,噪声小,结构紧凑,体积小,具有自锁功能,传动效率较低。
齿轮传动	平均传动比准确,承载能力较大,传动效率高,可在恶劣环境下工作。
链传动	传动平稳,无噪声,能缓冲吸振;结构简单,适合于较远距离的传动,传动比不准确;过载时产生打滑。
蜗杆传动	瞬时传动比准确、恒定,传动比范围大,可用于减速或增速;工作可靠,结构紧凑,使用寿命长,传动效率高。

四、计算题(本大题共 3 小题,第 1、2 小题 6 分,第 3 小题 12 分,共 24 分)

1.如图所示铰链四杆机构的构件长度为:$L_{BC}=$ 50 mm,$L_{CD}=35$ mm,$L_{AD}=40$ mm。如果使该铰链四杆机构成为曲柄摇杆机构,那么,曲柄 AB 的长度 L_{AB} 可取值的范围是多少?

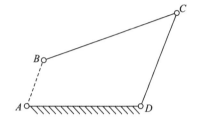

2.已知主动轮转速 $n_1=1450$ r/min,从动轮转速 $n_2=550$ r/min,已有大齿轮的齿数 $z_2=58$,测得齿顶圆 $d_{a2}=300$ mm,选配小齿轮,并求中心距 a。

3.已知定轴轮系如图所示,$z_1=18$、$z_2=60$、$z_3=18$、$z_4=72$、$z_5=20$、$z_6=36$、$z_7=2$(右旋)、$z_8=60$,若 $n_1=1000$ r/min。

试求:(1)该轮系的传动比 i_{18}。

(2)蜗轮 8 的转速 n_8。

(3)在所给的图上用箭头标出蜗杆蜗轮的转向。

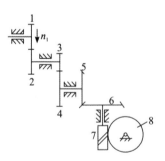

附二　参考答案

绪　论

一、单选题

1.A;2.B;3.A;4.C;5.B;6.C;7.B;8.B;9.D;10.D;11.B;12.D;13.B;14.B;15.C

二、判断题

1.×;2.√;3.√;4.√;5.×;6.√;7.√;8.×;9.√;10.×

三、连线题

1.请将普通车床各组成部件与其对应的功能用线条进行一一对应连接。

部件名称	功能
电动机	执行部分
齿轮箱	传动部分
车刀	动力部分
启动开关	控制部分

电动机——动力部分；齿轮箱——传动部分；车刀——执行部分；启动开关——控制部分

2.请将以下各机械与其所属种类用线条进行一一对应连接。

机械名称	种类
空压机	加工机械
破碎机	运输机械
电动扶梯	信息机械
数码摄像机	动力机械

空压机——动力机械；破碎机——加工机械；电动扶梯——运输机械；数码摄像机——信息机械

第1章 杆件的静力分析

1.1 力的概念与基本性质

一、单选题

1.C；2.A；3.B；4.D；5.C；6.C；7.A；8.A；9.B；10.B；11.A；12.A；13.C；14.B；15.C

二、判断题

1.×；2.×；3.×；4.×；5.√；6.×；7.√；8.×；9.√；10.×

三、连线题

请将下列静力学公理的类型与其对应的推论与应用用线条进行一一对应连接。

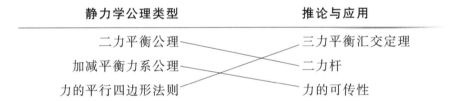

静力学公理类型	推论与应用
二力平衡公理	三力平衡汇交定理
加减平衡力系公理	二力杆
力的平行四边形法则	力的可传性

1.2 力矩、力偶的概念

一、单选题

1.C；2.A；3.D；4.A；5.C；6.C；7.D；8.B；9.C；10.A；11.C；12.B；13.D；14.B

二、判断题

1.×；2.×；3.×；4.√；5.√；6.√；7.√；8.√；9.√

三、计算题

1. F 对 O 点的力矩 $M_A(F) = -FL = -16 \times 1.5$ N・m $= -24$ N・m

2. 力偶矩 $M(F) = Fd = 80 \times 0.7$ N・m $= 56$ N・m

1.3 约束和约束力

一、单选题

1.A;2.B;3.D;4.B;5.C;6.D;7.D;8.C;9.A;10.B;11.D;12.D;13.D;14.A;15.A

二、判断题

1.√;2.×;3.√;4.×;5.√;6.×;7.√;8.×;9.√;10.√

三、连线题

请将下列约束类型与其应用用线条进行一一对应连接。

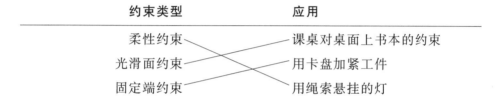

约束类型	应用
柔性约束	课桌对桌面上书本的约束
光滑面约束	用卡盘加紧工件
固定端约束	用绳索悬挂的灯

1.4 力系和受力图

一、选择题

1.D;2.A;3.A;4.B;5.C;6.D;7.C;8.D;9.C;10.C;11.C;12.A;13.C;14.D;15.C

二、判断题

1.×;2.√;3.×;4.√;5.√;6.×;7.×;8.×;9.×;10.×

三、分析题

1.

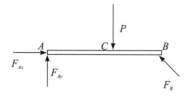

2.

(1)取斜杆 *BC* 为研究对象,*BC* 为二力杆

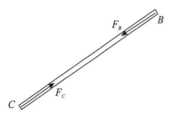

(2)取水平杆 *AB* 为研究对象

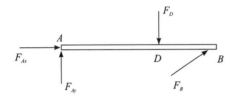

第 2 章 直杆的基本变形

2.1 材料的力学性能

一、单选题

1.A;2.B;3.A;4.D;5.C;6.D;7.C;8.C;9.C;10.C

二、判断题

1.√;2.√;3.×;4.×;5.×

三、简答题

请将下列硬度指标与符号用线条进行一一对应连接。

硬度指标		符号
布氏硬度		HR
洛氏硬度		HV
维氏硬度		HB

（布氏硬度—HB，洛氏硬度—HR，维氏硬度—HV）

2.2 直杆的基本变形

一、单选题

1.B;2.B;3.A;4.B;5.A;6.C;7.D;8.D;9.D;10.B;11.B;12.B

二、判断题

1.√;2.√;3.×;4.√;5.√;6.√;7.√;8.√;9.×;10.√

三、简答题

1.请将下列物体受力后的变形形式进行一一对应连接。

物体受力	变形形式
起重机的横梁	拉伸变形
剪切的钢板	弯曲变形
载重汽车的传动轴	扭转变形
起重机的吊环	压缩变形
房屋的立柱	剪切变形

起重机的横梁——弯曲变形
剪切的钢板——剪切变形
载重汽车的传动轴——扭转变形
起重机的吊环——拉伸变形
房屋的立柱——压缩变形

2.请将下列杆件变形种类和变形特点用线条进行一一对应连接。

变形类型	变形特点
拉伸变形	在两外力作用线间的截面发生错动
压缩变形	沿杆件轴线伸长
剪切变形	轴线由直线变成曲线
扭转变形	沿杆件轴线缩短
弯曲变形	截面之间绕轴线发生相对转动

拉伸变形——沿杆件轴线伸长
压缩变形——沿杆件轴线缩短
剪切变形——在两外力作用线间的截面发生错动
扭转变形——截面之间绕轴线发生相对转动
弯曲变形——轴线由直线变成曲线

第3章 工程材料

3.1 常用碳钢

一、单选题

1.D;2.A;3.B;4.A;5.A;6.C;7.A;8.B;9.C;10.A;11.C;12.D;13.A;14.C;15.C

二、判断题

1.√;2.√;3.√;4.√;5.×;6.√;7.×;8.√;9.√;10.×

三、连线题

1.请将碳素钢与其对应的含碳量用线条进行一一对应连接。

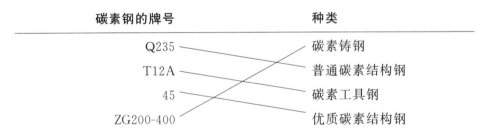

2.请将以下各碳素钢牌号与其所属种类用线条进行一一对应连接。

3.2 常用合金钢

一、单选题

1.A;2.B;3.D;4.A;5.A;6.C;7.B;8.B;9.C;10.C;11.A;12.D;13.A;14.C;15.BACD

二、判断题

1.√;2.√;3.×;4.√;5.√;6.√;7.×;8.×;9.√;10.×

三、连线题

1.请将合金钢的牌号与其对应的含碳量用线条进行一一对应连接。

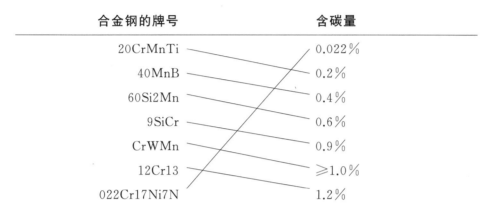

2.请将以下各合金钢牌号与其所属种类用线条进行一一对应连接。

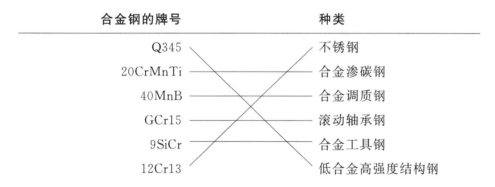

3.3 铸铁

一、单选题

1.B;2.BD;3.A;4.A;5.C;6.D;7.AB;8.AB;9.C;10.C;11.A;12.B;13.A;14.A;15.C

二、判断题

1.√;2.×;3.×;4.√;5.√;6.√;7.√;8.×;9.×;10.√

三、连线题

1.请将铸铁名称与其对应的石墨形态用线条进行——对应连接。

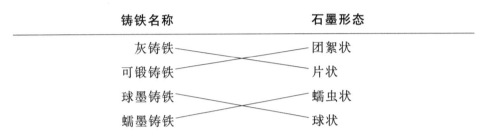

铸铁名称	石墨形态
灰铸铁	团絮状
可锻铸铁	片状
球墨铸铁	蠕虫状
蠕墨铸铁	球状

2.请将以下各铸铁牌号与其所属种类用线条进行——对应连接。

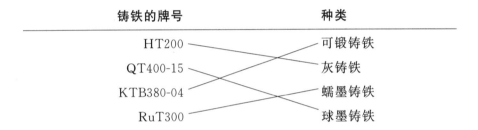

铸铁的牌号	种类
HT200	可锻铸铁
QT400-15	灰铸铁
KTB380-04	蠕墨铸铁
RuT300	球墨铸铁

3.4 钢的热处理

一、单选题

1.A；2.A；3.D；4.C；5.A；6.A；7.B；8.B；9.D；10.D；11.C；12.A；13.A；14.B；15.C

二、判断题

1.√；2.√；3.√；4.×；5.√；6.√；7.×；8.×；9.×；10.√

三、连线题

1.请将热处理种类与其对应的冷却方式用线条进行——对应连接。

热处理种类	冷却方式
退火	空气中或介质冷却
正火	缓慢冷却（炉冷）
淬火	空气冷却到室温
回火	快速冷却

2.请将以下各回火种类与其应用用线条进行一一对应连接。

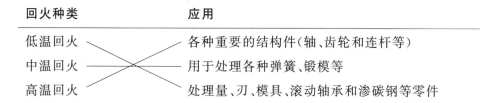

回火种类	应用
低温回火	各种重要的结构件(轴、齿轮和连杆等)
中温回火	用于处理各种弹簧、锻模等
高温回火	处理量、刃、模具、滚动轴承和渗碳钢等零件

第4章 连 接

4.1 键连接

一、单选题

1.C;2.C;3.D;4.B;5.A;6.B;7.C;8.D;9.D;10.B;11.A;12.B;13.B;14.C;15.C;16.B;17.B;18.A

二、判断题

1.√;2.×;3.√;4.×;5.√;6.√;7.×;8.√;9.×;10.√

三、连线题

请将平键类型与其对应的适应场合用线条进行一一对应连接。

平键类型	适应场合
薄型平键	轴上零件与轴构成移动副,但移动距离不长
导向平键	轴上零件与轴构成移动副,且移动距离较长
滑键	薄壁结构和特殊场合

4.2 花键连接和销连接

一、单选题

1.A;2.D;3.D;4.B;5.B;6.C;7.B;8.A

二、判断题

1.√;2.×;3.√;4.×;5.×;6.√;7.×

三、连线题

请将销形状类别与其对应的功能用线条进行一一对应连接。

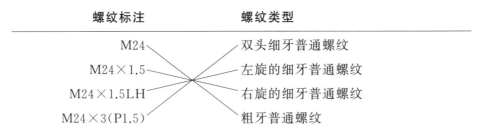

类别	功能
安全销	固定零件之间的相对位置
定位销	连接轴毂间或其他零件
连接销	过载剪断元件

4.3 螺纹连接(1)

一、单选题

1.B;2.C;3.C;4.A;5.C;6.B;7.B;8.A;9.B;10.D;11.B;12.A;13.D;14.D;15.B;16.A

二、判断题

1.×;2.×;3.√;4.×;5.×;6.√;7.√;8.√;9.×;10.×

三、连线题

请将螺纹标注与其对应的螺纹类型用线条进行一一对应连接。

螺纹标注	螺纹类型
M24	双头细牙普通螺纹
M24×1.5	左旋的细牙普通螺纹
M24×1.5LH	右旋的细牙普通螺纹
M24×3(P1.5)	粗牙普通螺纹

4.4 螺纹连接(2)

一、单选题

1.B;2.B;3.B;4.B;5.C;6.C;7.C;8.A;9.A;10.A;11.D;12.C

二、判断题

1.×;2.×;3.×;4.√;5.√

三、连线题

请将螺纹连接防松类别与其对应的具体措施用线条进行一一对应连接。

防松类别	具体措施
摩擦防松	端铆
锁住防松	止动垫片
不可拆防松	对顶螺母

第 5 章　机构

5.1　平面运动副

一、单选题

1.D;2.B;3.D;4.D;5.A;6.D

二、判断题

1.√;2.√;3.√;4.√;5.√;6.√;7.×;8.√;9.×;10.×

三、连线题

请将所给运动副类型与应用实例用线条进行一一对应连接。

运动副类型	应用实例
低副 ——————	轴与轴承之间的可动连接
高副 ——————	齿轮副

5.2 铰链四杆机构

一、单选题

1.D；2.C；3.C；4.D；5.D；6.D；7.C；8.C；9.A；10.A

二、判断题

1.√；2.×；3.×；4.×；5.√；6.×；7.√；8.×；9.√；10.×

三、连线题

请将所给铰链四杆机构类型与应用实例用线条进行一一对应连接。

铰链四杆机构类型	应用实例
曲柄摇杆机构 ——————— 汽车雨刮器	
双曲柄机构 ——————— 车门启闭机构	
双摇杆机构 ——————— 起重机变幅机构	

5.3 曲柄滑块机构

一、单选题

1.C；2.B；3.D；4.B；5.B；6.B

二、判断题

1.√；2.√；3.√

三、连线题

请将所给机构类型与应用实例用线条进行一一对应连接。

机构类型	应用实例
曲柄滑块机构 双作用式水泵	
摇杆滑块机构 自动送料机	
导杆机构 ——————— 牛头刨床	

5.4　平面四杆机构的基本特性

一、单选题

1.B；2.B；3.B；4.C；5.A；6.C；7.C；8.C

二、判断题

1.√；2.√；3.×；4.√；5.×；6.√；7.×；8.×；9.×；10.×

5.5　凸轮机构

一、单选题

1.A；2.B；3.A；4.D；5.C；6.C；7.B；8.A；9.D；10.B；11.D；12.C

二、判断题

1.√；2.√；3.×；4.√；5.×；6.√；7.√；8.×；9.×；10.√

三、连线题

请将所给凸轮机构类型与应用实例用线条进行一一对应连接。

凸轮类型	应用实例
盘形凸轮————————————内燃机配气机构	
移动凸轮——交叉——自动送料机	
圆柱凸轮——交叉——靠模车削机构	

第6章　机械传动

6.1　带传动

一、单选题

1.B；2.B；3.D；4.D；5.C；6.B；7.A；8.D；9.A；10.C

二、判断题

1.×；2.×；3.×；4.√；5.√；6.√；7.×；8.×；9.√；10.√

三、连线题

请将下列传动带的类型与工作原理用线条进行一一对应连接。

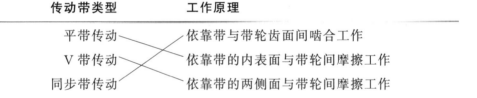

传动带类型	工作原理
平带传动	依靠带与带轮齿面间啮合工作
V带传动	依靠带的内表面与带轮间摩擦工作
同步带传动	依靠带的两侧面与带轮间摩擦工作

6.2　链传动

一、单选题

1.D；2.B；3.C；4.C；5.A

二、判断题

1.√；2.√；3.√；4.×；5.×

6.3　齿轮传动

一、单选题

1.A；2.A；3.C；4.B；5.B；6.C；7.B；8.A；9.C；10.A；11.B；12.B；13.D；14.A；15.B；16.B

二、判断题

1.√；2.×；3.√；4.×；5.×；6.×；7.×；8.√；9.×；10.×

三、连线题

1.请将所给传动类型与传动特点用线条进行一一对应连接。

传动类型	传动特点
带传动	平均传动比准确,能在较恶劣的环境下工作
链传动	瞬时传动比准确
齿轮传动	存在弹性滑动,传动比不准确

2.请将下列齿轮传动的类型与对应的图形用线条进行一一对应连接。

传动类型　　　　　　传动图形

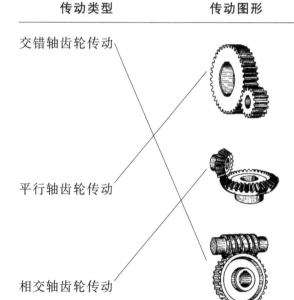

交错轴齿轮传动

平行轴齿轮传动

相交轴齿轮传动

五、计算题

1.已知：$z_1 = 21$，$z_2 = 63$，$m = 4$ mm，求两齿轮的 i、d、d_a、d_f 和中心距 a。

解：(1) $i_{12} = z_2 / z_1 = 63 / 21 = 3$

(2) $d_1 = mz_1 = 4 \times 21 = 84$（mm）

$d_2 = mz_2 = 4 \times 63 = 252$（mm）

(3) $d_{a1} = m(z_1 + 2) = 4 \times (21 + 2) = 92$（mm）

$d_{a2} = m(z_2 + 2) = 4 \times (63 + 2) = 260$（mm）

(4) $d_{f1} = m(z_1 - 2.5) = 4 \times (21 - 2.5) = 74$（mm）

$d_{f2} = m(z_2 - 2.5) = 4 \times (63 - 2.5) = 242$（mm）

(5) $a = m(z_1 + z_2)/2 = 4 \times (21 + 63)/2 = 168$（mm）

2.已知：中心距 $a = 200$ mm、$d_{a1} = 80$ mm、$z_1 = 18$，求：z_2、d_2 及 d_{f2}。

解：(1) $d_{a1} = m(z_1 + 2)$

$$m = \frac{d_{a1}}{z_1 + 2} = \frac{80}{18 + 2} = 4（mm）$$

(2) $a = m(z_1 + z_2)/2$

$$z_2 = \frac{2a}{m} \quad z_1 = \frac{2 \times 200}{4} \quad 18 = 82$$

(3) $d_2 = mz_2 = 4 \times 82 = 328$（mm）

(4) $d_{f2} = m(z_2 - 2.5) = 4 \times (82 - 2.5) = 318$（mm）

3.已知 $d_{f2} = 276$ mm，齿数 $z_2 = 37$，$z_1 = 17$。求：模数 m、d_{a2}、d_2 和中心距 a。

解：(1) $d_{f2} = m(z_2 - 2.5)$

$$m = \frac{d_{f2}}{z_2 - 2.5} = \frac{276}{37 - 2.5} = 8（mm）$$

(2) $d_{a2} = m(z_2 + 2) = 8 \times (37 + 2) = 312$（mm）

(3) $d_2 = mz_2 = 8 \times 37 = 296$（mm）

(4) $a = m(z_1 + z_2)/2 = 8 \times (37 + 17)/2 = 216$（mm）

6.4 蜗杆传动

一、单选题

1.C；2.C；3.A；4.D；5.A

二、判断题

1.√;2.√;3.×;4.√;5.×

6.5　齿轮系

一、单选题

1.D;2.D;3.B;4.A;5.B

二、判断题

1.√;2.×;3.×;4.×;5.√

三、计算题

1.已知:$z_1=18$,$z_2=36$,$z_3=20$,$z_4=40$,$z_5=2$,$z_6=40$,$n_1=800$ r/min,试求:i_{16}、n_6,并判断各轮转向。

解:(1)$i_{16}=\dfrac{z_2 z_4 z_6}{z_1 z_3 z_5}=\dfrac{36\times40\times40}{18\times20\times2}=80$

(2)$n_6=n_1/i_{16}=800/80=10(\text{r/min})$

(3)各轮转向如图示(直接标在图上)

　　轮1↓、轮2←、轮3←、轮4→、轮5→、轮6逆时针转

2.已知:$z_1=z_2'=z_3'=18$,$z_2=36$,$z_3=54$,$z_4=36$,$z_6=20$ 及蜗杆头数 $z_5=2$,$n_1=1200$ r/min,试求 n_6,并用箭头在图上标明各齿轮的回转方向。

解:(1)$i_{16}=\dfrac{z_2 z_3 z_4 z_6}{z_1 z_2' z_3' z_5}=\dfrac{36\times54\times36\times20}{18\times18\times18\times2}=120$

(2)$n_6=n_1/i_{16}=1200/120=10(\text{r/min})$

(3)各轮转向如图示(直接标在图上)

　　轮1↓、轮2↑、轮2'↑、轮3↓、轮3'↑、轮4→、轮5→、轮6逆时针转。

3.已知:$z_1=30$,$z_2=60$,$z_3=20$,$z_4=40$,$z_5=1$,$z_6=40$,$n_1=1600$ r/min,

试求:轮系传动比 i_{16}、n_6,并判断各轮的转向(用箭头直接标在图上)

解:(1)$i_{16}=\dfrac{z_2 z_4 z_6}{z_1 z_3 z_5}=\dfrac{60\times40\times40}{30\times20\times1}=160$

(2)$n_6=n_1/i_{16}=1600/160=10(\text{r/min})$

(3)各轮转向为:轮1↓、轮2↑、轮3↑、轮4↓、轮5↓、轮6顺时针转。

第7章　支承零部件

7.1　轴

一、单选题

1.C；2.A；3.B；4.B；5.B；6.C；7.B；8.C；9.B；10.C；11.B；12.D；13.B；14.B；15.C

二、判断题

1.√；2.×；3.×；4.×；5.√；6.×；7.√；8.×；9.√；10.×；11.√；12.×

三、简答题

1.请将轴的类型和轴的受力特点用线条进行一一对应连接。

轴类型	受力特点
心轴	只受扭矩
转轴	只受弯矩
传动轴	即受扭矩又受弯矩

2.请将下列生活中轴的实例和轴的类型用线条进行一一对应连接。

轴类型	实例
心轴	汽车方向盘的轴
转轴	减速器中的轴
传动轴	自行车的前轮轴

3.请将轴的类型和轴的特点用线条进行一一对应连接。

轴类型	特点
直轴	由钢丝把扭矩和旋转运动绕过障碍传送到所需位置
曲轴	具有几根不重合的轴线
软轴	轴各段具有同一回转中心线

7.2 滚动轴承

一、单选题

1.D;2.B;3.C;4.D;5.D;6.A;7.B;8.B;9.C;10.A;11.A;12.C

二、判断题

1.×;2.√;3.√;4.×;5.×;6.√;7.×;8.√;9.√;10.×

三、简答题

请将轴承类型和轴承基本特性一一对应连接。

轴承类型	基本特性
圆锥滚子轴承	仅受径向载荷
圆柱滚子轴承	仅受轴向载荷
推力球轴承	受较大的径向和轴向载荷

综合模拟试卷（一）参考答案

卷 I 部分

一、单项选择题

1.C;2.B;3.D;4.C;5.B;6.B;7.C;8.B;9.D;10.A;11.A;12.D;13.B;14.A;15.A;16.C;17.A;18.D;19.C;20.C;21.C;22.B;23.C;24.A

二、判断题

1.×;2.×;3.√;4.√;5.√;6.×;7.×;8.√;9.√;10.×;11.×;12.√;13.×;14.×;15.×

三、连线题

1.请将螺纹连接类型与应用用线条进行一一对应连接。

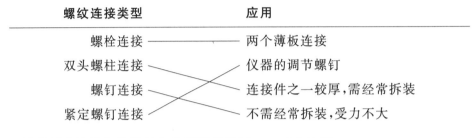

螺纹连接类型	应用
螺栓连接	两个薄板连接
双头螺柱连接	仪器的调节螺钉
螺钉连接	连接件之一较厚,需经常拆装
紧定螺钉连接	不需经常拆装,受力不大

2.请将材料牌号与其材料名称用线条进行一一对应连接。

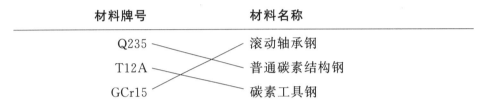

材料牌号	材料名称
Q235	滚动轴承钢
T12A	普通碳素结构钢
GCr15	碳素工具钢

3.请将四杆机构类型与应用实例用线条进行一一对应连接。

四杆机构类型	机构简图
双曲柄机构	起重机起重机构
双摇杆机构	搅拌机
曲柄摇杆机构	惯性筛

四、计算题

解:已知中心距 $a = m(z_1 + z_2)/2 = m(24 + 60) = 126$ mm

求出 $m = 3$ mm

$d_1 = mz_1 = 72$ mm $\qquad d_2 = mz_2 = 180$ mm

$d_{a1} = m(z_1 + 2) = 3 \times (24 + 2) = 78$ mm

$d_{a2} = m(z_2 + 2) = 3 \times (60 + 2) = 186$ mm

卷 II 部分

一、单项选择题

1.C;2.D;3.B;4.D;5.A;6.C;7.A;8.B;9.C;10.D;11.C;12.A;13.B;14.B;15.C

二、判断题

1.×;2.√;3.×;4.×;5.×

三、连线题

1.请将材料牌号与其对应种类用线条进行一一对应连接。

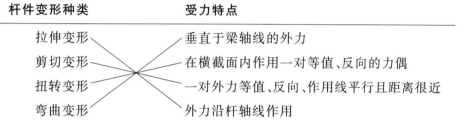

材料牌号	种类
Q235	碳素铸钢
T12A	普通碳素结构钢
45	碳素工具钢
ZG200-400	优质碳素结构钢

2.请将杆件变形的种类与受力特点用线条进行一一对应连接。

杆件变形种类	受力特点
拉伸变形	垂直于梁轴线的外力
剪切变形	在横截面内作用一对等值、反向的力偶
扭转变形	一对外力等值、反向、作用线平行且距离很近
弯曲变形	外力沿杆轴线作用

四、计算题

1.解:

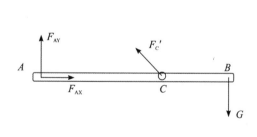

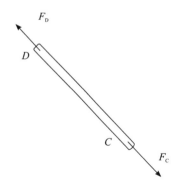

2.解: $d_1 = mz_1 = 84$ mm

$d_2 = mz_2 = 252$ mm

$d_{a1} = m(z_1 + 2) = 92$ mm

$d_{f2} = m(z_2 - 2.5) = 242$ mm

$$a = m(z_1 + z_2)/2 = 168 \text{ mm}$$

3.解：(1)$i = n_1/n_6 = z_2 z_4 z_6/z_1 z_3 z_5$

$$n_6 = 6.25 \text{ r/min}$$

(2)各轮转向略

综合模拟试卷(二)参考答案

卷 I 部分

一、单项选择题

1.A；2.A；3.C；4.C；5.B；6.C；7.C；8.B；9.B；10.C；11.D；12.A；13.B；14.C；15.B；16.C；17.C；18.D；19.D；20.D；21.B；22.A；23.C；24.D

二、判断题

1.√；2.×；3.√；4.×；5.×；6.√；7.√；8.×；9.×；10.√；11.×；12.×；13.×；14.√；15.√

三、连线题

1.请将铸铁类型与其应用实例用线条进行一一对应连接。

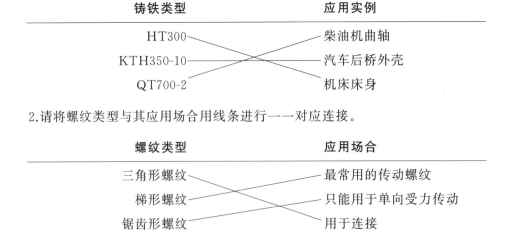

2.请将螺纹类型与其应用场合用线条进行一一对应连接。

3.请将四杆机构类型与其机构简图用线条进行一一对应连接。

四杆机构类型   机构简图

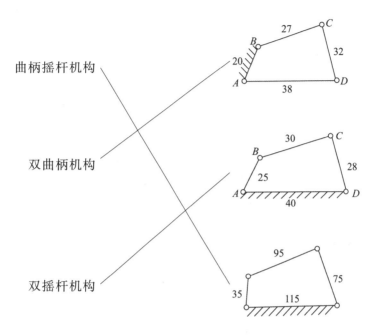

曲柄摇杆机构

双曲柄机构

双摇杆机构

四、计算题

解：$d_1 = mz_1 = 2 \times 28 = 56 \ (\text{mm})$

$\quad d_{f1} = m(z_1 - 2.5) = 2 \times (28 - 2.5) = 51 \ (\text{mm})$

$\quad d_{a2} = m(z_2 + 2) = 2 \times (56 + 2) = 116 \ (\text{mm})$

$\quad a = m(z_2 - z_1)/2 = 2 \times (56 - 28)/2 = 28 \ (\text{mm})$

卷Ⅱ部分

一、单项选择题

1.D；2.B；3.D；4.A；5.C；6.C；7.C；8.B；9.C；10.A；11.C；12.B；13.C；14.C；15.D

二、判断题

1.×；2.×；3.√；4.√；5.√

三、连线题

1.请将键的类型与其适用场合用线条进行一一对应连接。

螺纹类型	适用场合
半圆键	工作载荷较大,定心精度要求高的静连接或动连接中
花键	传递较大转矩,对同轴度要求不高的重型机械上
楔键	轻载或锥形轴端的连接中
切向键	承受不大的单向轴向力,精度要求不高的低速机械上

2.请将机构类型和运动特点用线条进行一一对应连接。

机构类型	运动特点
曲柄摇杆机构	可实现整周转动和往复摆动相互转换
双曲柄机构	可实现往复摆动和往复摆动相互转换
双摇杆机构	可实现整周转动和直线运动相互转换
曲柄滑块机构	可实现整周转动和整周转动相互转换

四、计算题

1.解:(1)判断杆长和:$L_{max} = L_{AD} = 90$ mm,$L_{min} = L_{AB} = 30$ mm

$$L_{max} + L_{min} = 90 + 30 = 120(mm)$$

$$L_{BC} + L_{CD} = 80 + 45 = 125(mm)$$

$$L_{max} + L_{min} < L_{BC} + L_{CD},满足杆长和条件。$$

(2)判断最短杆

L_{AB} 是最短杆,且在机架 CD 杆的对面为连杆。

即最短杆是连杆,则该机构为双摇杆机构。

2.解:(1)齿轮 1:$m_1 = \dfrac{d_{a1}}{z_1 + 2} = \dfrac{240}{22 + 2} = 10(mm)$

(2)齿轮 2:$m_2 = \dfrac{h_2}{2.25} = \dfrac{22.5}{2.25} = 10(mm)$

(3)标准齿轮的压力角为20°,即这两个齿轮的压力角相等;且 $m_1 = m_2$

所以这两个齿轮可以正确啮合。

3.解:(1)$i_{14} = \dfrac{z_2 z_3 z_4}{z_1 z_2' z_3'} = \dfrac{40 \times 30 \times 54}{1 \times 20 \times 18} = 180$

(2)$n_4 = n_1 / i_{14} = 1440/180 = 8(r/min)$

(3)各轮转向如图示(直接标在图上)

轮 2↓、轮 2'↓、轮 3←、轮 3'←,轮 4←

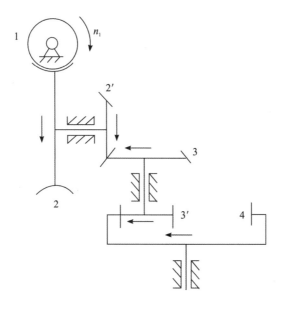

综合模拟试卷(三)参考答案

卷Ⅰ部分

一、单项选择题

1.B;2.D;3.C;4.C;5.B;6.A;7.C;8.D;9.A;10.D;11.C;12.A;13.C;14.C;15.D;16.D;17.D;18.D;19.C;20.B;21.B;22.B;23.B;24.C

二、判断题

1.√;2.√;3.×;4.×;5.√;6.√;7.√;8.×;9.√;10.×;11.×;12.×;13.×;14.√;15.×

三、连线题

1.请将轴承类型和类型代号用线条进行一一对应连接。

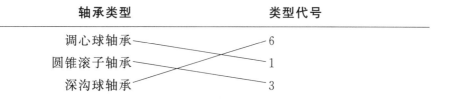

轴承类型	类型代号
调心球轴承	6
圆锥滚子轴承	1
深沟球轴承	3

2.请将名词与相应的解释用线条进行一一对应连接。

轴的类型	受载荷情况
心轴	只受扭转作用而不受弯曲作用
转轴	只受弯曲作用而不传递动力
传动轴	同时承受弯曲和扭转两种作用

3.不同钢种的含碳量用线条进行一一对应连接。

钢的类型	含碳量
低碳钢	$\omega_c > 0.60\%$
中碳钢	$\omega_c = 0.25\% \sim 0.60\%$
高碳钢	$\omega_c < 0.25\%$

四、计算题

解:已知齿根圆直径 $d_{f2} = m(z_2 - 2.5) = m(37 - 2.5) = 276$ mm

求出 $m = 8$ mm

$d_{a2} = m(z_2 + 2) = 8 \times (37 + 2) = 312 (\text{mm})$

$d_2 = mz_2 = 8 \times 37 = 296 (\text{mm})$

$a = m(z_1 + z_2)/2 = 8 \times (17 + 37)/2 = 216 (\text{mm})$

卷 Ⅱ 部分

一、单项选择题

1.D;2.A;3.C;4.C;5.B;6.D;7.A;8.B;9.C;10.C;11.C;12.A;13.D;14.D;15.A

二、判断题

1.×;2.×;3.×;4.√;5.√

三、连线题

1.请将凸轮机构类型与其应用实例用线条进行一一对应连接。

凸轮机构类型	应用实例
盘形凸轮	自动车床进给机构
圆柱凸轮	靠模车削加工
移动凸轮	内燃机配气机构

2.请将热处理的类型与主要目的用线条进行一一对应连接。

热处理的类型	主要目的
表面热处理	降低硬度、提高塑性,改善切削加工性能
回火	改善低碳钢的切削性能
正火	消除淬火应力,防止变形开裂
调质(淬火+高温回火)	提高表面硬度、耐磨性
退火	获得良好综合力学性能

四、计算题

1.解:$AB+AD<BC+CD$,　　$700+200<350+600$

　　AB 或 CD 为支架,最短杆 AD 为连架杆,得到曲柄摇杆机构;

　　BC 为机架,最短杆 AD 为连架杆,得到双摇杆机构;

　　AD 为机架,得到双曲柄机构。

2.解:因为 $i=n_1/n_2=840/280=3$

　　所以 $z_2/z_1=3$……①

　　因为 $a=m(z_1+z_2)/2=5\times(z_1+z_2)/2=270$

　　所以 $z_1+z_2=108$……②

　　由式①和②,得出 $z_1=27,z_2=81$

　　齿顶圆直径 $d_{a1}=m(z_1+2)=5\times(27+2)=145(mm)$

3.解:(1)传动比 $I=(-1)^4\times190\times30\times20\times30\times60/95\times20\times40\times45\times20=3$

　　(2)主轴有 6 种转速

　　(3)因为 $I=n/n_主$

　　　　所以 $n_主=n/I=1440/3=480(r/min)$

综合模拟试卷(四)参考答案

卷Ⅰ部分

一、单项选择题

1.B;2.C;3.A;4.C;5.C;6.D;7.B;8.A;9.A;10.C;11.C;12.A;13.D;14.C;15.D;16.A;17.C;18.A;19.C;20.A;21.B;22.D;23.B;24.B

二、判断题

1.×;2.×;3.√;4.√;5.√;6.√;7.√;8.√;9.√;10.×;11.×;12.×;13.×;14.√;15.×

三、连线题

1.请将下列螺纹类型与螺纹的应用及特点用线条进行一一对应连接。

螺纹类型	特点
螺栓连接	两个被连接件都打成通孔,装拆方便
双头螺柱连接	用于被连接件之一较厚有不需要经常装拆
螺钉连接	用于被连接件之一较厚又需要经常装拆

2.请将材料牌号与其材料名称用线条进行一一对应连接。

材料名称	牌号
碳素结构钢	T10
碳素工具钢	Q235
合金工具钢	9SiCr

3.请将三种铰链四杆机构的应用实例用线条进行一一对应连接。

四杆机构	应用实例
双曲柄机构	缝纫机踏板机构
双摇杆机构	车门启闭机构
曲柄摇杆机构	电风扇摇头机构

四、计算题

$d_1 = m \cdot z_1 = 2 \times 28 = 56 \text{(mm)}$

$d_2 = m \cdot z_2 = 2 \times 56 = 112 \text{(mm)}$

$p_1 = p_2 = \pi \cdot m = 3.14 \times 2 = 6.28 \text{(mm)}$

$a = (d_1 + d_2)/2 = m \cdot (z_1 + z_2)/2 = 2 \times (28+56)/2 = 84 \text{(mm)}$

卷 II 部分

一、单项选择题

1.B;2.C;3.A;4.D;5.B;6.B;7.A;8.D;9.A;10.C;11.A;12.C;13.C;14.B;15.B

二、判断题

1.×;2.√;3.√;4.×;5.√

三、连线题

1.请将螺纹的类型和应用实例用线条进行一一对应连接。

螺纹类型	应用实例
三角形螺纹	机床的丝杠
梯形螺纹	螺旋压力机的螺旋副机构
锯齿形螺纹	机械上采用的连接螺纹

2.请将所给传动类型与传动特点用线条进行一一对应连接。

传动类型	传动特点
带传动	平均传动比恒定不变,能在较恶劣的环境下工作
链传动	传动比大,承载能力大,传动效率低
蜗轮传动	过载时打滑,不能保证准确传动比
齿轮传动	能保证瞬时传动比恒定,传动可靠

四、计算题

1.解:①若 AB 为主动件,AD 为机架,因为

$$L_{AB}+L_{AD}=25 \text{ mm}+100 \text{ mm}=125 \text{ mm}<L_{BC}+L_{CD}=90 \text{ mm}+75 \text{ mm}$$
$$=165 \text{ mm}$$

满足杆长之和条件,主动件 AB 为最短杆,AD 为机架将得到曲柄摇杆机构。

②同上,机构满足杆长之和条件,AB 最短杆为机架,与其相连构件 BC 为主动件将得到双曲柄机构。

2.解:由 $h_a=h_a^* \times m$ 得:$m=h_a/h_a^*=2.492 \text{ mm}$ 查表齿轮模数 $m=2.5 \text{ mm}$

齿距 $p=\pi \times m=7.85 \text{ mm}$

分度圆直径 $d=m \times z=2.5 \times 28=70 (\text{mm})$

齿顶圆直径 $d_a=m \times (z+2h_a^*)=75 (\text{mm})$

齿高 $h=2.25 \text{ m}=2.25 \times 2.5=5.625 (\text{mm})$

3.解:①因为齿轮 3 和 4 啮合,所以 3 和 4 的模数相等,即:$m_3=m_4=5 \text{ mm}$

齿轮 3 的分度圆直径:$d_3=m_3 \times z_3=5 \times 20=100 (\text{mm})$

齿顶圆直径:$d_{a3}=m_3 \times (z_3+2)=5 \times (20+2)=110 (\text{mm})$

齿根圆直径:$d_{f3}=m_3 \times (z_3-2.5)=5 \times (20-2.5)=87.5 (\text{mm})$

②$i_{16}=i_{12} \times i_{34} \times i_{56}=(z_2 \times z_4 \times z_6)/(z_1 \times z_3 \times z_5)=(40 \times 60 \times 50)/(1 \times 20 \times 25)=240$

$n_6=n_1/i_{16}=750/240=3.125 (\text{r/min})$

综合模拟试卷(五)参考答案

卷 I 部分

一、单选题

1.B;2.B;3.A;4.B;5.A;6.A;7.D;8.A;9.C;10.C;11.C;12.D;13.B;14.A;15.A;16.A;17.C;18.D;19.C;20.A;21.B;22.D;23.D;24.B

二、判断题

1.√;2.×;3.×;4.×;5.×;6.√;7.√;8.√;9.√;10.×;11.×;12.√;13.×;14.√;15.×

三、连线题

1.请将销的名称与其应用用线条进行一一对应连接。

螺纹代号	应用
圆柱销	常与槽形螺母合用,锁定螺纹连接件
圆锥销	定位精度较高,多用于经常拆卸的场合
开口销	靠过盈固定,不宜经常装拆

圆柱销——靠过盈固定,不宜经常装拆
圆锥销——定位精度较高,多用于经常拆卸的场合
开口销——常与槽形螺母合用,锁定螺纹连接件

2.请将热处理方式与其目的用线条进行一一对应连接。

热处理方式	目的
低温回火	获得较好的综合力学性能
中温回火	获得较高的弹性极限
高温回火	获得较高的硬度

低温回火——获得较高的硬度
中温回火——获得较高的弹性极限
高温回火——获得较好的综合力学性能

3.请将四杆机构类型与其对应机构简图用线条进行一一对应连接。

四杆机构类型　　　　　　机构简图

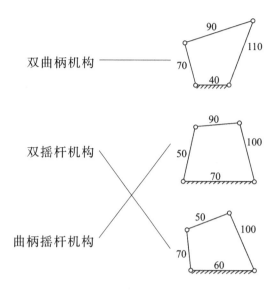

双曲柄机构 ————

双摇杆机构

曲柄摇杆机构

四、计算题

解:由式 $d=m(z+2)$ 得:

$m=d/(z+2)=8$ mm

将 m 代入以下各式,得 $d=mz=288$ mm

$d=m(z-2.5)=268$ mm

$p=\pi m=25.12$ mm

$h=2.25m=18$ mm

卷Ⅱ部分

一、单选题

1.C;2.B;3.D;4.C;5.A;6.C;7.B;8.C;9.D;10.D;11.C;12.B;13.B;14.A;15.A

二、判断题

1.×;2.√;3.√;4.√;5.×

三、连线题

1.请将机构类型与其应用用线条进行一一对应连接。

机构类型	应用
曲柄摇杆机构	惯性筛
双曲柄机构	复摆式颚式破碎机
双摇杆机构	压缩机
曲柄滑块机构	电风扇摇头机构

2.请将机械传动方式与其对应的特点用线条进行一一对应连接。

机械传动的方式	特 点
带传动	传动比大,传动平稳,噪声小,结构紧凑,体积小,具有自锁功能,传动效率较低。
齿轮传动	平均传动比准确,承载能力较大,传动效率高,可在恶劣环境下工作。
链传动	传动平稳,无噪声,能缓冲吸振;结构简单,适合于较远距离的传动,传动比不准确;过载时产生打滑。
蜗杆传动	瞬时传动比准确、恒定,传动比范围大,可用于减速或增速;工作可靠,结构紧凑,使用寿命长,传动效率高。

四、计算题

1.解:$L_{BC}+L_{AB}<L_{CD}+L_{AD}=35\ mm+40\ mm=75\ mm$

$50\ mm+L_{AB}<75\ mm$

$L_{AB}<75\ mm-50\ mm=25\ mm$

2.解:$z_1=z_2\dfrac{n_2}{n_1}=58\times\dfrac{550}{1450}=22$

$d_{a2}=(z_2+2h_a^*)mm=\dfrac{d_{a2}}{(z_2+2h_a^*)}=\dfrac{300}{58+2}=5(mm)$

$d=\dfrac{1}{2}(z+z_2)m=\dfrac{1}{2}\times(58+22)\times5=200(mm)$

3.解:$i_{18}=\dfrac{z_2z_4z_6z_8}{z_1z_3z_5z_7}=\dfrac{60\times72\times36\times60}{18\times18\times20\times2}=720$

$n_8=\dfrac{n_1}{i_{12}}=\dfrac{1000}{720}=1.39(r/min)$

参考文献

[1]黄森彬.机械设计基础[M].2 版.北京:高等教育出版社,2007.

[2]李世维.机械基础[M].2 版.北京:高等教育出版社,2013.

[3]栾学钢,赵玉奇,陈少斌.机械基础(多学时)[M].北京:高等教育出版社,2010.

[4]王光勇.机械基础[M].4 版.南京:江苏凤凰教育出版社,2014.

[5]郁兆昌.金属工艺学[M].北京:高等教育出版社,2001.